U0086809

Electronic Commerce

電子商務

8堂 一點就通的基礎活用課

榮欽科技 著

- 以豐富的圖文配搭輔助說明，能快速吸收理論及基本概念
- 呼應各章主題運用專題討論熱門的實務個案，實際應用理論解析
- 貼心提示、章末課後評量，驗收學習成果與實力評點
- 循序漸進的內容說明，是學習EC課程首選的入門教材

博碩文化

作　　者：榮欽科技
責任編輯：賴彥穎

董 事 長：陳來勝
總 編 輯：陳錦輝

出　　版：博碩文化股份有限公司
地　　址：221 新北市汐止區新台五路一段 112 號 10 樓 A 棟
　　　　　電話 (02) 2696-2869　傳真 (02) 2696-2867

發　　行：博碩文化股份有限公司
郵撥帳號：17484299　戶名：博碩文化股份有限公司
博碩網站：http://www.drmaster.com.tw
讀者服務信箱：dr26962869@gmail.com
訂購服務專線：(02) 2696-2869 分機 238、519
（週一至週五 09:30 ～ 12:00；13:30 ～ 17:00）

版　　次：2020 年 7 月初版

建議零售價：新台幣 360 元
Ｉ Ｓ Ｂ Ｎ：978-986-434-506-9
律師顧問：鳴權法律事務所 陳曉鳴律師

本書如有破損或裝訂錯誤，請寄回本公司更換

國家圖書館出版品預行編目資料

電子商務：8 堂一點就通的基礎活用課 /
榮欽科技著 . -- 初版 . -- 新北市：博碩文化，
2020.07

　　面；　公分

ISBN 978-986-434-506-9 (平裝)

1.電子商務

490.29　　　　　　　　　　109010095

Printed in Taiwan

歡迎團體訂購，另有優惠，請洽服務專線
博 碩 粉 絲 團　(02) 2696-2869 分機 238、519

序

電子商務是一種現代化的經營模式，就是利用網際網路進行購買、銷售或交換產品與服務，並達到低成本的要求，隨著網路通訊基礎建設日趨成熟，電子商務改變了傳統的交易模式，促使消費及貿易金額快速增加。而網路行銷可以看成是企業整體行銷戰略的一個組成部分，是為實現企業總體經營目標所進行，網路行銷是一種雙向的溝通模式，能幫助無數在網路成交的電商網站創造訂單、創造收入。本書以精簡篇幅介紹電子商務相關主題，精彩篇幅包括：

- 電子商務的黃金必修入門課
- 電子商務的秒殺集客營運攻略
- 引爆指尖下商機的行動商務達人攻略
- 打造買家甘心掏錢的安全交易網路
- 玩轉社群商務的特殊關鍵心法
- 買氣紅不讓的網路行銷實戰秘笈
- 電商網站與品牌 App 的集客設計心法
- 大數據、人工智慧與物聯網的電商藍海淘金術

為了讓讀者可以接觸更新的電子商務觀念，除了提供最新電子商務資訊外，對於一些較熱門的議題，也以專題討論方式來呈現，這些精彩的專題包括：

- 跨境電商
- 企業電子化

- 第三方支付

- SOMOLO 模式

- 大數據與電競遊戲

- 響應式網頁設計

- 搜尋引擎最佳化 (SEO)

　　本書中所有各種電子商務的實例，儘量輔以簡潔的介紹筆法，期許各位可以最輕鬆的方式了解這些重要新議題，相信這會是一本學習電子商務相關課程最適合的入門教材。

榮欽科技　主筆室　敬上

目錄

Chapter 01　電子商務的黃金必修入門課

Chapter 02　電子商務的秒殺集客營運攻略

目錄

Chapter 03　引爆指尖下商機的行動商務達人攻略

Chapter 04　打造買家甘心掏錢的安全交易網路

Chapter 05 玩轉社群商務的獨創關鍵心法

Chapter 06 買氣紅不讓的網路行銷實戰秘笈

Chapter **07** 電商網站與品牌 **App** 的集客設計心法

Chapter **08** 大數據、人工智慧與物聯網的電商藍海淘金術

1 電子商務的黃金必修入門課

- ⊙ 電子商務的發展與演進
- ⊙ 電子商務的定義與特性
- ⊙ 專題討論 -- 跨境電商的崛起

隨著資訊科技與網際網路的高速發展，手機和網路覆蓋率不斷提高的刺激下，各國無不致力於推動涵蓋共通基礎建設措施，新經濟現象帶來許多數位化的衝擊與變革，不但改變了企業經營模式，也改變了全球市場的消費習慣，目前正在以無國界、零時差的優勢，提供全年無休的電子商務（Electronic Commerce, EC）新興市場的快速崛起。

◎ 電商網站已經是目前商業往來的主流交易平台

網路的發明則帶動了「網路經濟」（Network Economic）與商業革命，而這樣的方式也成為繼工業革命之後，另一個徹底改變人們生活型態的重大變革。阿里巴巴董事局主席馬雲更大膽直言2020年時電子商務將取代實體零售主導地位，佔據整體零售市場50%以上的銷售額。此外，根據資策會發布的《國際電子商務發展趨勢》報告顯示，2025年未來零售虛擬通路營業額佔比預估更將成長4倍以上，顯示產業將快速成長。

TIPS 網路經濟是一種分散式的經濟，帶來了與傳統經濟方式完全不同的改變，最重要的優點就是可以去除傳統中間化，降低市場交易成本。在傳統經濟時代，價值來自產品的稀少珍貴性，對於網路經濟所帶來的網路效應（Network Effect）而言，就是在這個體系下的產品的價值取決於其總使用人數，透過網路無遠弗屆的特性，一旦使用者數目跨過門檻，換言之，也就是越多人有這個產品，那麼它的價值自然越高。

1-1 電子商務的發展與演進

　　在二十世紀末期，隨著電腦的平價化、作業系統操作簡單化、網際網路興起等種種因素組合起來，也同時推動了電子商務盛行，一時之間許多投資者紛紛擁上網路這個虛擬的世界中。在過去的數十年間，電子商務的發展發生了很大的變化。美國學者 Kalakota and Whinston（1997）亦將電子商務的發展分為五個階段。

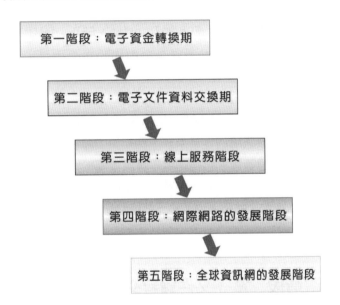

第一階段：電子資金轉換期

第二階段：電子文件資料交換期

第三階段：線上服務階段

第四階段：網際網路的發展階段

第五階段：全球資訊網的發展階段

TIPS 摩爾定律（Moore's law）：是由英特爾（Intel）名譽董事長摩爾（Gordon Mores）於 1965 年所提出，表示電子計算相關設備不斷向前快速發展的定律，主要是指一個尺寸相同的 IC 晶片上，所容納的電晶體數量，因為製程技術的不斷提升與進步，造成電腦的普及運用，每隔約十八個月會加倍，執行運算的速度也會加倍，但製造成本卻不會改變。

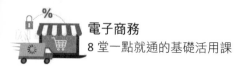

1-1-1 第一階段：電子資金轉換期

從技術的角度來看，人類利用電子通訊的方式進行貿易活動已有幾十年的歷史了。早期電子商務只是利用電子化手段，將商業買賣活動簡化，從傳統企業內部利用「電子資料處理系統」（Electronic Data Processing System, EDPS）來支援企業或組織內部的基層管理與作業部門，讓原本屬於人工處理的作業邁向自動化，進而提高作業效率與降低作業成本。到了 1970 年代，銀行之間引進了利用私有的網路，以進行「電子資金轉換」（ Electronic Funds Transfer，EFT ）的作業，如轉帳、ATM，將付款相關資訊電子化來改善金融市場的交易方式。

> **TIPS** 電子資料處理系統（EDPS）是用來支援企業的基層管理與作業部門，也是資訊系統中最底層的作業系統，例如員工薪資處理、帳單製發、應付應收帳款、人事管理等等。它的功用是讓原本屬於人工處理的作業邁向電腦化或自動化，進而提高作業效率與降低作業成本，或者也可以把一切的資訊系統都視為是一種電子資料處理系統（EDPS）。

1-1-2 第二階段：電子文件資料交換期

「電子文件資料交換標準」（Electronic Data Interchange, EDI）起源於大型企業與製造商之間為了降低紙張作業的採購及存貨管理程序而發展出來的訊息交換方式。傳統的訂單傳送是經由專人、郵政、電話、傳真等方式來完成，在這些過程中需耗較長的時間。

EDI 則是將業務文件按一個公認的標準從一台電腦傳輸到另一台電腦上去的電子傳輸方法，如果能使一份電子文件為不同國別、企業、屬性的辦公室共同接受的話，如採購單、出貨單、電子型錄等，可以加速企

業間訊息交換的成效,更能加速整合客戶與供應商或辦公室各單位間的生產力,也使得電子商務有了新的應用風貌。隨著跨國企業的增加,所以在 1985 年由聯合國的歐洲經濟理事會為簡化貿易程式促進國際貿易活動,發起整合成國際標準的提議,於 1986 年正式通過國際 EDI 標準。

1-1-3 第三階段:線上服務階段

1980 年中期,隨著網際網路(Internet)的逐步興起,企業開始以線上服務的方式提供顧客不同的互動模式,例如聊天室、新聞群組(Netnews)、檔案傳送協定(File Transfer Protocol,FTP)、BBS,人們可藉由全球性網路開始進行遠端的溝通、資訊存取與交換,產生虛擬社區的初步概念並造就出地球村的理想概念。

TIPS 新聞群組(Netnews)是 Internet 早期一個擁有上千個新聞討論群組(News Group)的討論區,可供網路族談天說地、交換資訊。新聞群組中的討論主題可以說是無所不包、千奇百怪,各位如果有工作或生活上的任何疑難雜症,都可以在新聞群組的相關討論區中發出求助文章。

1-1-4 第四階段:網際網路快速發展階段

在 1980 年代晚期與 1990 年代初期,電子化訊息的技術轉化成工作流程管理系統或網路電腦工作系統,節省員工在作業流程上所花費的時間,這已經接近「辦公室自動化」(Office Automation:OA)的雛型,就是結合大量電腦與網路通訊設備的協助,以改進辦公室內的整體生產力,進而促使書面工作與紙張大量減少。

> **TIPS** 「辦公室自動化」（Office Automation：OA）系統就是結合電腦與通訊設備的協助，以改進辦公室內的整體生產力，進而促使書面工作大量減少，例如文書處理、會計處理、文件管理、或是溝通協調。讓員工在電腦上完成大部份工作，以達到高效率與高品質的工作環境。

1-1-5 第五階段：全球資訊網的發展階段

在 1990 年代出現在網際網路上的全球資訊網（ World Wide Web ）是電子商務一個重要關鍵性的突破，又簡稱為 Web，一般將 WWW 唸成「Triple W」、「W3」或「3W」，它可說是目前 Internet 上最流行的一種新興工具，它讓 Internet 原本生硬的文字介面，取而代之的是聲音、文字、影像、圖片及動畫的多元件交談介面，WWW 的出現形成了電子商務發展的轉捩點。WWW 讓電子商務成為以較低成本從事較具經濟規模商業的方式，創造了更多新興類型的商業機會。

http://elearning.kmfa.gov.tw/kidsart/index.html　http://tw.asus.com/

◎ 網路上充斥了數以億計的各種網站

1-2 電子商務的定義與特性

根據經濟部商業司的定義，只要是經由電子化形式所進行的商業交易活動，都可稱為「電子商務」，也就是「商務＋網際網路＝電子商務」。簡單來說，電子商務的主要功能是將供應商、經銷商與零售商結合在一起，透過網際網路提供訂單、貨物及帳務的流動與管理，大量節省傳統作業的時程及成本，從買方到賣方都能產生極大的助益。

如果我們以更嚴謹的態度來談到電子商務的定義，美國學者 Kalakota and Whinston 認為「電子商務就是一種現代化的經營模式」，是利用網際網路進行購買、銷售或交換產品與服務，並達到降低成本的要求，交易的標的物可能是實體的商品，例如線上購物、書籍銷售，或是非實體的商品，例如廣告、軟體授權、交友服務、遠距教學、網路銀行等商業活動也算是商務。

◎ 統一超商透過線上電商平台成功與消費者互動

由於電子商務已經躍為今日現代商業活動的主流，不論是傳統產業或新興科技產業都深受這股潮流的影響，透過電子商務的技術，企業能夠快速地和產品設計及市場行銷等公司形成線上的商業關係。對於一個成功的電子商務模式，與傳統產業相比而言，電子商務具備了以下的特性。

◉ ELLE 時尚網站透過電商網站成功在全球發行

1-2-1　全球化交易市場

隨著上網人口的持續成長，正促動全球電子商務的，網路的無限連結不但可以普及全球各地，也能使商業行為跨越文化與國家藩籬。在面對全球化的競爭壓力之下，消費者可在任何時間和地點，透過網際網路進入購物網站購買到各種樣式商品。對業者而言，可讓商品縮短行銷通路，全世界每一角落的網民都是潛在的顧客，也可以將全球消費者納入店家商品的潛在客群。

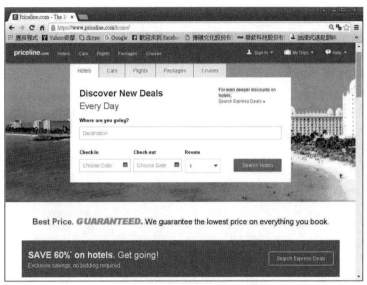

◉ Priceline,com 提供全球最優惠線上訂房網站與競標機制

TIPS 　「梅特卡夫定律」（Metcalfe's Law）：1995 年的 10 月 2 日是 3Com 公司的創始人，電腦網路先驅羅伯特 • 梅特卡夫（B. Metcalfe）於專欄上提出網路的價值是和使用者的平方成正比，稱為「梅特卡夫定律」（Metcalfe's Law），是一種網路技術發展規律，也就是使用者越多，其價值便大幅增加，產生大者恆大之現象，對原來的使用者而言，反而產生的效用會越大。

1-2-2　全年無休營運模式

　　由於網路的便利性，電子商務的市場範圍已超越傳統商店模式，消費者能透過電商網站的建構與運作，可以全年無休，全天候 24 小時提供商品資訊與交易服務，透過網路消費，不論任何時間、地點，都可利用簡單的工具上線執行交易行為進而提升消費的便利，間接提高了商務活動的水平和服務品質。

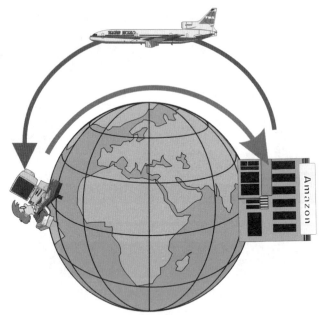

◉ 消費者可在任何時間地點透過 Internet 消費

1-2-3　即時互動溝通能力

一個線上交易的網站，提供了一個買賣雙方可以即時互動的雙向溝通管道，如果網站沒有與消費者維持高度互動，就稱不上是一個完備的電子商務網站，包括了線上瀏覽、搜尋、傳輸、付款、廣告行銷、電子信件交流及線上客服討論等，廠商可隨時依照買方的消費與瀏覽行為，即時調整或提供量身訂制的資訊或產品，買方也可以主動在線上傳遞服務要求。

◎ 蘭芝公司成功與消費者互動，打響了品牌知名度

1-2-4 網路與新科技的無限支援

科技是電子商務發展的重要基礎，讓各式各樣的創新商務模式得以實現，無論是動態網頁語言、多媒體展示、資料搜尋、虛擬實境技術（Virtual Reality Modeling Language, VR）等，都是傳統產業所達不到的，而創新技術更是不斷的在提出。由於網際網路上所行銷或販售的商品，主要是透過資訊相關設備來呈現商品的外觀，不管是多枯燥乏味的內容，適當地加上音效、圖片、動畫或視訊等吸引人的元素之後，就能變得豐富又吸睛。

TIPS VRML 是一種程式語法，主要是利用電腦模擬產生一個三度空間的虛擬世界，提供使用者關於視覺、聽覺、觸覺等感官的模擬，利用此種語法可以在網頁上建造出一個 3D 的立體模型與立體空間。VRML 最大特色在於其互動性與即時反應，可讓設計者或參觀者在電腦中就可以獲得相同的感受，如同身處在真實世界一般，並且可以與場景產生互動，360 度全方位地觀看設計成品。

隨著 VR 越來越受歡迎，電商也開始將其結合產品特色加以運用，阿里巴巴旗下著名的購物網站淘寶網，發揮其平台優勢，全面啟動「Buy ＋」計畫，藉由卓越的消費者體驗拉近產品和顧客的距離，讓冷冰冰的商品更貼近生活向世人展示了利用虛擬實境技術改進消費體驗的構想，戴上連接感應器的 VR 眼鏡，直接感受在虛擬空間購物，不但能讓使用者進行互動以傳遞更多行動行銷資訊，還能增加消費者參與的互動和好感度，進而提高用戶購買慾和商品出貨率。

◎「Buy ＋」計畫引領未來虛擬實境購物體驗

1-2-5 低成本的競爭優勢

電子商務的崛起，使網路交易越來越頻繁，越來越多消費者喜歡透過網路商店購物，對業者而言，網路可讓商品縮短行銷通路、降低營運成本，買賣雙方的購買支付與商品解說收款等整個過程都可以在網上進行。

網際網路減少了商務資訊往來不對稱的情形，供應商的議價能力越來越弱，電商一方面可以在全球市場內尋求價格最優惠的供應商，另一方面減少中間商與租金成本，進而節省大量開支和人員投入，並隨著網際網路的延伸而達到全球化銷售的規模，因此能夠提供較具競爭性又物美價廉的價格給顧客。

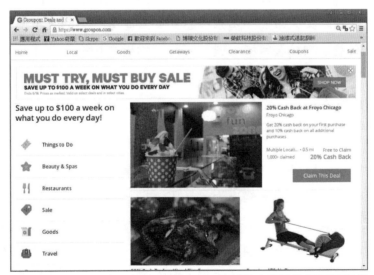

◉ 全球最大的團購網站 Groupon，每天都推出超殺的低價優惠券

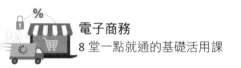

1-3 ▶ 專題討論 -- 跨境電商的崛起

從實體商店到線上購物，在這電商蓬勃發展的年代，亞洲跨境電子商務市場正快速成長，所謂「跨境電商」（Cross-Border Ecommerce）是全新的一種國際電子商務貿易型態，指的就是消費者和賣家在不同的關境（實施同一海關法規和關稅制度境域）交易主體，透過電子商務平台完成交易、支付結算與國際物流送貨、完成交易的一種國際商業活動。跨境電商衍伸出大量而多元化的繁雜業務，除網站翻譯，跨境支付系統、跨境物流與跨境行銷外，就像打破國境通路的圍籬，網路外銷全世界，讓消費者滑手機，就能直接購買全世界任何角落的商品。

隨著時代及環境變遷，貿易形態也變得越來越多元，跨境電商已經成為新世代的產業火車頭，當這些企業面臨產業轉型時，跨境電商便成為相當具有潛力的重要管道。雖然網路購物近幾年來飛速成長，預期國內市場在需求有限，競爭激烈的狀況下，跨境電商會扮演營運成績能否達標的關鍵角色。

跨境電商並不僅是一個純粹的貿易技術平台，只要涉及到跨境交易，就會牽扯出許多物流、文化、語言、市場、匯兌與稅務等問題，例如阿里巴巴也發表了「天貓出海」計畫，打著「一店賣全球」的口號，幫助商家以低成本、低門檻地從國內市場無縫拓展，目標將天貓生態模式逐步複製並推行至東南亞、乃至全球市場。許多熱賣商品都是台灣製造的強項，因此本土業者應該快速了解大陸跨境電商的保稅進口或直購進口模式，讓更多台灣本土優質商品能以低廉簡便的方式行銷海外，甚至於在全球開創嶄新的產業生態。

◉「天貓出海」計畫打著「一店賣全球」的口號

TIPS 　所謂電子商務自貿區是發展跨境電子商務方向的專區,開放外資在區內經營電子商務,配合自貿區的通關便利優勢與提供便利及進口保稅、倉儲安排、物流服務等,並且設立有關跨境電商的服務平台,向消費者展示進口商品,進而大幅促進區域跨境電商發展與便利化的制度環境。

1. 請簡介梅特卡夫定律。

2. 請簡述電子商務的定義。

3. 試簡介電子資料處理系統（EDPS）。

4. 請問電子商務具備了哪些特性？

5. 何謂跨境電商？

6. 何謂網路經濟（Network Economy）：？網路效應（Network Effect）？

7. 請簡介摩爾定律。

2 電子商務的秒殺集客營運攻略

電子商務確實正在改變人們長久以來的消費習慣與傳統企業的營運模式，從商業的角度來看，所謂「營運模式」（Business Model）是一家企業處理其與客戶和上下游供應商相關事務的方式，更含括市場定位、營利目標與創造價值的方法，也就是描述企業如何創造價值與傳遞價值給顧客，並且從中獲利的模式，更是整個商業計畫的核心。

◉ 東京著衣以電商模式主攻時尚平價流行市場

2-1 ▶ 電子商務的營運模式

圖片來源：http://www.toyota.com.tw

圖片來源：https://store.sony.com.tw/

◉ 網站的多元化產品內容是吸引廣大客群的關鍵因素

電子商務經過近年來快速的發展，大大提高了商務活動水平和服務品質，營運模式會隨著時間的演進與實務觀點有所不同，營運模式的選擇往往決定了一個企業的成敗，已經成為企業競爭優勢的其中一個重要的組成部分。電子商務在網際網路上的營運模式極為廣泛，如果依照交易對象的差異性，大概可以區分為五種類型：企業對企業（Business to Business，B2B）、企業對消費者（Business to Customer,B2C）、消費者對消費者（Customer to Customer，C2C）及消費者對企業間（Customer to Business，C2B）與企業對政府模式（Business-to-Government,B2G），接下來我們要為各位介紹相關的營運模式。

2-2 ▶ B2C 模式

企業對消費者間（Business to Customer，簡稱 B2C）又稱為「消費性電子商務」模式，就是指企業直接和消費者間進行交易的行為模式，販賣對象是以一般消費大眾為主，就像是在實體百貨公司的化妝品專櫃，或是商圈中的服飾店等，企業店家直接將產品或服務推上電商平台提供給消費者，而消費者也可以利用平台搜尋喜歡的商品，並提供 24 小時即時互動的資訊與便利來吸引消費者選購，將傳統由實體店面所銷售的實體商品，改以透過網際網路直接面對消費者進行的交易活動，這也是目前一般電子商務最常見的營運模式，例如 Amazon、天貓都是經營 B2C 電子商務的知名網站。

◎ 天貓網是全中國最大的 B2C 網站

　　B2C 模式的電子商務一般以網路零售業為主，都會保有網路消費者
的信息反饋頁面，由於消費者通常會將個人資料交給店家，結合了購物
車、庫存管理、會員機制、訂單管理、網路廣告、金流、物流等，來達
到直接將銷售商品送達消費者。例如線上零售商店、網路書店、線上軟
體下載服務等，以下介紹幾種常見的 B2C 模式：

2-2-1　線上內容提供者

　　線上內容提供者（Internet Content Provider,ICP）主要是向消費者提供網際網路資訊服務和相關業務，包括了智慧財產權的數位內容產品與娛樂，包括期刊、雜誌、新聞、音樂，線上遊戲等，由於是數位化商品也能透過網際網路直接讓消費者下載，例如聯合報的線上新聞、kkbox 線上音樂網、Youtube 等。

圖片來源：http://www.kkbox.com.tw/funky/index.html

◎ KKBOX 的歌曲都是取得唱片公司的合法授權

2-2-2　入口網站

　　入口網站（Portal）其實最早是以網路廣告模式與電子商務沾上邊，也是進入 WWW 的首站或中心點，它讓所有類型的資訊能被所有使用者存取，提供各種豐富個別化的服務與導覽連結功能。當各位連上入口網站的首頁，可以藉由分類選項來達到各位要瀏覽的網站，同時也提供許多的服務，諸如：搜尋引擎、免費信箱、拍賣、新聞、討論等，例如 Yahoo、Google、蕃薯藤、新浪網等。

進入 Google 首頁，按下「Google 應用程式」鈕，會出現 Google 所有整合的各種服務

◎ Google 是目前全世界最大的入口網站

2-2-3　線上仲介商

　　線上仲介商（Online Broker）主要在建立買賣雙方的交易平台，代表幫客戶搜尋適當的交易對象，並協助其完成交易，藉以收取仲介費用，本身並不會提供商品，包括證券網路下單、線上購票等、人力仲介商、房屋仲介商、拍賣仲介商等。例如人力銀行就是網路發達之後的一種線上仲介商（Online Broker），也算是透過網路平臺的一種服務提供者（Service Provider）是目前做為求才公司與求職者的熱門管道。

◎ 104 人力銀行是現代企業找人才的重要管理

2-2-4 線上零售商

　　線上零售商（e-Tailer）是 B2C 模式中最傳統的購物網站型態，消費者向購物網站下單，購物網站再向大盤商調貨來出給消費者。生產者、品牌廠商透過網路自行架設購物網站，使製造商更容易直接銷售產品給消費者，而除去中間商的部份，如平價服飾大廠 UNIQLO，也有些店家是像東京著衣，原來就從網路購物起家而爆紅。

◎ UNIQLO 的各種服飾上網也能輕鬆買到

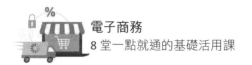

2-3 ▶ B2B 模式

　　企業對企業間（Business to Business，簡稱 B2B）的電子商務指的是企業與企業間或企業內透過網際網路所進行的一切商業活動，大至工廠機械設備與零件，小到辦公室文具，都是 B2B 的範圍，也就是企業直接在網路上與另一個企業進行交易活動，包括上下游企業的資訊整合、產品交易、貨物配送、線上交易、庫存管理等，這種模式可以讓供應鏈得以做更好的整合，交易模式也變得更透明化，企業間電子商務的實施將帶動企業成本的下降，同時能擴大企業的整體收入來源。由於 B2B 商業模式參與的雙方都是企業，特點是訂單數量金額較大，適用於有長期合作關係的上下游廠商，例如阿里巴巴（http://www.1688.com/）就是典型的 B2B 批發貿易平台，即使是小買家、小供應商也能透過阿里巴巴進行採購或銷售。

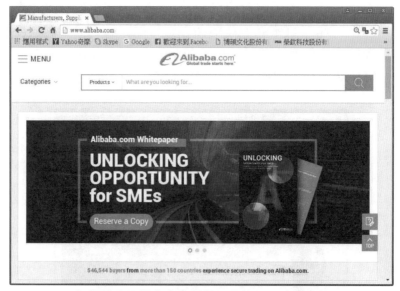

◎ 阿里巴巴是大中華圈最知名的 B2B 交易網站

B2B 模式一路走來，由於這個市場會引來數千家分散的供應商與許多產業商品的主要購買者接觸，發展出很多種特殊模式，買賣雙方都可在電子市場網站進行交易。通常有以下幾種主要類型：

2-3-1　電子配銷商

　　電子配銷商（e-Distributior）是最普遍的 B2B 網路市集，將數千家供應商產品整合到單一線上電子型錄，再由一個銷售者來服務多家企業，主要優點是銷售者可以將數千家供應商的產品整合到單一電子型錄上，並提供搜尋、比價、存貨查詢、下單、進度查詢及物流、金流等各種服務。當顧客有需求時，客戶可以從電子型錄訂購產品，並在網站上一次直接購足所需的商品，不必再瀏覽其他網站，電子配銷商再根據配銷的商品收取費用。

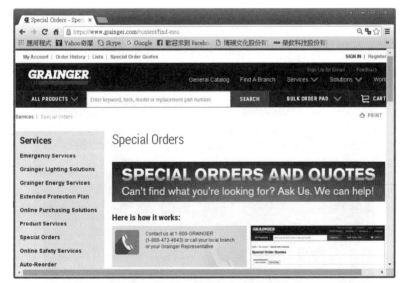

◎ Grainger 是全球知名的工業用品與維修設備的電子配銷商

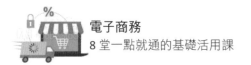

電子商務

8堂一點就通的基礎活用課

2-3-2　電子交易市集

電子交易市集（eMarket Place）是一種為買賣雙方及市場的中間商，也是一種透過網路與資訊科技輔助所形成的虛擬市集，具有能匯集買主與供應商的功能，不僅提供供應商和電子配銷商的廠商型錄，還可以及時掌握市場需求，降低銷售成本，並且整合線上採購的分類目錄、運送、保證及金融等方面軟體來協助供應商賣東西給採購商。電子交易市集會引來數千家以上分散的供應商與許多產業商品的主要購買者互相接觸，並且創造出低成本、高品質與準時交貨的優勢，通常電子交易市集又可區分為以下兩種：

■ **水平式電子交易市集（Horizontal Market）：**水平式電子交易市集的產品是跨產業領域，可以進行統一採購來滿足不同產業客戶的需求，同時也比較不需要個別產業專業知識與銷售服務，由於不限於任何產業，單筆採購金額不高，水平式電子交易市集的最大特色是其開放性，可以增加營收來源，並且接觸原本無法接觸到的市場，並且其成員相當有彈性，只要經過認證的廠商就可直接上網進行交易。

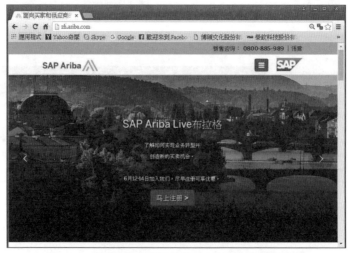

◎ Ariba 是全美相當知名的水平式電子交易市集

2-10

- **垂直式電子交易市集（Vertical Market）：** 垂直式電子交易市集主要訴求即在於「去中介化」（Disintermediation），著重特定產業的上下游供應鏈間具關聯性產品及服務的分工合作，進行物料買賣而設置的網路市場，必須具有該產業的專業領域知識，顯然採購流程和與供應商之間的關係是影響成功的關鍵因素。這類型的交易市集可以擴大賣方接觸的廣度，讓價格更為透明，目前在鋼鐵、紡織、化學、運輸、醫藥、汽車、食品等產業，已建立不少垂直電子交易市集。

◎ 紡拓會全球資訊網是屬於一種垂直式電子交易市集

2-4 ▶ C2C 模式

　　許多人最早接觸的電商通路模式反而是「消費者對消費者」（consumer to consumer, C2C）模式，就是指透過網際網路交易與行銷的買賣雙方都是消費者，由客戶直接賣東西給客戶，網站則是抽取單筆手續費，最常見的 C2C 型網站就是拍賣網站，每位消費者可以透過競價得到想要的商品，就像是一個平日常見的傳統跳蚤市場。從 1995 年開始的 eBay、Yahoo 拍賣、1999 年到後來在中國火紅的淘寶網，都是 C2C 電子商務通路的經典代表，提供平臺給大眾，讓人人都能在網路上賣起東西。至於各種拍賣平台的選擇，免費只是網拍者的考量因素之一，擁有大量客群與具備完善的網路行銷環境才是最重要關鍵。

◎ 淘寶網為亞洲最大的 C2C 網路商城

2-4-1 共享經濟模式

由於近年來 C2C 通路模式不斷發展和完善，以 C2C 精神發展的「共享經濟」（The Sharing Economy）模式正在日漸成長，這樣的經濟體系是讓個人都有額外創造收入的可能，就是透過網路平台所有的產品、服務都能被大眾使用、分享與出租的概念，共享經濟的成功取決於建立互信，以合理的價格與他人共享資源，同時讓閒置的商品和服務創造收益。例如類似計程車「共乘服務」（Ride-sharing Service）的 Uber，絕大多數的司機都是非專業司機，開的是自己的車輛，大家可以透過網路平台，只要家中有空車，人人都能提供載客服務。

◎ Uber 提供比計程車更為優惠的價格與條件

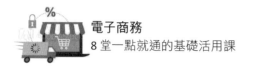
2-4-2 網路借貸與群眾集資

隨著金融科技（FinTech）熱潮席捲全球，P2P 網路借貸（Peer-to-Peer Lending）是由一個網路與社群平台作為中介業務，和傳統借貸不同，特色是個體對個體的直接借貸行為（C2C），如此一來金錢的流動就不需要透過傳統的銀行機構，主要是個人信用貸款，網路就能夠成為交易行為的仲介，讓雙方能在平台上自由媒合，因為免去了利差，通常可讓信貸利率更低，貸款人就可以享有較低利率，放款的投資人也能更靈活地運用閒置資金。

◎ 台灣第一家 P2P 借貸公司

近年來台灣的「群眾集資」（Crowdfunding）發展逐漸成熟，打破傳統資金的取得管道。所謂群眾集資就是過群眾的力量來募得資金，讓原本的 C2C 模式由生產銷售模式，延伸至資金募集模式，以群眾的力量共築夢想，來支持個人或組織的特定目標，用小額贊助來尋求贊助各類創作與計畫。

2-5 ▶ C2B 模式

消費者對企業間（Customer to Business，簡稱 C2B）的電商模式是指聚集一群具有消費能力的消費者共同消費某種商品，當這群消費者透過網路形成虛擬社群，這群消費者就擁有直接面對廠商議價的能力。因此這些社群是成為店家們積極爭取的銷售對象，由消費者先發出需求，再由店家承接，最經典的 C2B 模式就是「團購」網站，透過消費者群聚的力量，進而主導廠商以提供優惠價格。隨著電子商務產業競爭的白熱化，C2B 平台獲利模式可能性很多，可以向消費者收取定額的手續費用，也能根據每次成交金額向賣方抽成，似乎也是一條不錯的方向。

◎ 夠麻吉是台灣最大的團購平台

近年來團購被市場視為「便宜」代名詞，琳瑯滿目的團購促銷廣告時常充斥在搜尋網站的頁面上，不過團購今日也成為眾多精打細算消費者所追求的一種現代與時尚的購物方式，「GOMAJI 夠麻吉」公司的創業團隊期望讓消費者實實在在享受到好康又省錢的實惠，主要的商業模式是一種將消費者帶往供應者端，並產生消費行為的電子商務新類型。由於團購的商品則多以店家提供的服務內容為主，在店家資源有限的情況下，往往會限時限量。他們的宗旨是以一種消費者為核心的模式，並持續開發有一定品質的店家與之合作，完全由消費者來主導商家提供的服

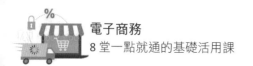
務與價格，讓商家可以藉由團購網的促銷吸引大量人氣，呈現給消費者最美好的店家體驗給店家最有效的精準行銷，也能使最在乎 CP 值的消費者搶到俗擱大碗的商品。

2-6 ▷ 認識電子商務的構面

　　網際網路普及背後孕育著龐大商機，但電子商務仍然面臨商業競爭與來自消費者的挑戰。整個電子商務的交易流程是由消費者、網路商店、金融單位與物流業者等四個基本組成單元，電子商務的交易過程中，會有商品運送及資金流動，透過商業自動化，可將電子商務的構面分為七個流（flow），其中有四種主要流（main flow）與三種次要流（secondary flow），分述如下。

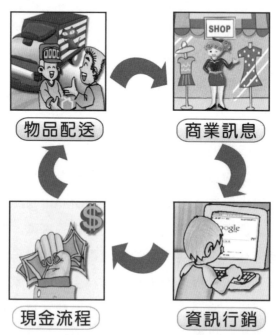

◎ 電子商務的四種主要流（商流、物流、金流、資訊流）

2-6-1　商流

　　電子商務的基本核心就是商流,「商流」是指交易作業的流通,或是市場上所謂的「交易活動」,就是將實體產品的策略模式移至網路上來執行與管理的動作,代表資產所有權的轉移過程,內容則涵蓋將商品由生產者處傳送到批發商手後,再由批發商傳送到零售業者,最後則由零售商處傳送到消費者手中的商品販賣交易程序。商流屬於電子商務的後端管理,包括了銷售行為、商情蒐集、商業服務、行銷策略、賣場管理、銷售管理、產品促銷、消費者行為分析等活動。

2-6-2　金流

　　「金流」就是指資金的流通,就是有關電子商務中「錢」的處理流程,包含應收、應付、稅務、會計、信用查詢、付款指示明細、進帳通知明細等,並且透過金融體系安全的認證機制完成付款。金流體系的健全與否,是電子商務的「基本生存條件」,重點在付款系統與安全性,為了增加線上交易的安全性,市場不斷有新的解決方案出現。金流是處理交易的方式,網站為了避免不同的消費習性,不可避免的各種金流方案都可以嘗試使用,目前常見的方式有貨到付款、線上刷卡、ATM 轉帳、電子錢包、手機小額付款、超商代碼繳費等。

2-6-3　物流

　　「物流」(logistics)是指產品從生產者移轉到經銷商、消費者的整個流通過程,主要重點就是當消費者在網際網路下單後的產品,廠商如何將產品利用運輸工具就可以抵達目的地,最後遞送至消費者手上的所有流程,並結合包括倉儲、裝卸、包裝、運輸等相關活動。

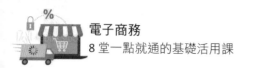
電子商務決戰物流已經是目前電商競爭中最顯而易見的課題，物流使產品的通路變成更加靈活與機動性，由於電子商務主要功能是將供應商、經銷商與零售商結合一起，通常當經營網站事業進入成熟期，接單量越來越大時，物流配送是電子商務不可缺少的重要環節，重要性甚至不輸於金流，目前常見的物流運送方式有郵寄、貨到付款、超商取貨、宅配等。

2-6-4　資訊流

在商業現代化的機能中，資訊流是一切電子商務活動的核心，是店家與消費者之間透過商品或服務的交易，使得彼此相關的資訊得以運作的情形，也就是為達上述三項流動而造成的資訊交換。資訊流是目前環境發展比較成熟的構面，好的資訊流是電子商務成功的先決條件。所有上網的消費者首先接觸到的就是資訊流，例如貨物線上上架系統，銷售系統、出貨系統，都可以透過系統連接來確認訂單的流向。網站上的商品不像真實的賣場可以親自感受商品，因此商品的圖片、詳細說明與各式各樣的促銷活動就相當重要，規劃良好的資訊流讓消費者可以快速的找到自己要的產品，企業應注意維繫資訊流暢通，以有效控管電子商務正常運作，是電子商務成功很重要的因素。

◎ 博碩文化的資訊流構面建置相當成功

2-6-5 設計流

　　設計流可以從企業內外部來討論，內部是指包括網站的規劃與建立，不是商品的設計，而是電商賣場的整體規劃，涵蓋範圍包含網站本身和電子商圈的商務環境，就是依照顧客需求所研擬之產品生產、產品配置、賣場規劃、商品分析、商圈開發的設計過程，強調顧客介面的友善性與個人化，外部則包含企業間的協同整合，例如強調企業間設計資訊的分享與共用，強調企業間設計流程資訊的共用，瞭解使用者從哪裡來、將往哪裡去；釐清產品脈絡、定義功能、分類與組織訊息、規劃層級，甚至都可透過網際網路和合作廠商，或是消費者共同設計或是修改。

◎ 新加坡航空的設計流相當成功

2-6-6　服務流

　　服務流是以消費者需求為目的，為了提升顧客的滿意度，根據需求把資源加以整合，所規畫一連串的活動與設計，完善的個人化銷售流程和服務也是電子商務重要的一部分，從開始購買到結帳，應盡量簡化步驟和過程，主動提供個性化的網路服務，將多種服務順暢地連接在一起，每天 24 小時地提供全天候服務外，運用創新科技來滿足最終顧客的需求，並結合商流、物流、金流與資訊流，提升整體服務的效率。

　　例如蘋果公司所推出的 Apple Music，操作介面秉持著 APPLE 軟體一貫簡約易用的設計原則，對消費者提供的不僅是龐大的雲端歌曲資料庫最重要的是能夠分析使用者聽歌習慣的服務，並提供離線使用的機制，在透過 Wi-Fi 聽音樂時，還可將音樂暫時下載到手機內。以下使 Apple Music 所提供服務流的功能摘要：

- **最新精選**

  會出現與 Apple Music 新簽約的專輯或藝人。

■ **廣播**

全面改版 Beats 1 廣播電台，由蘋
果精選優質內容，提供 Radio 全球
化 24 小時不間斷的廣播服務。隨時
打開就可以聽得服務，如果喜愛訪
談無法馬上收聽時，還可以先將廣
播保存下來，以便日後欣賞。

■ **Connect**

類似歌手的 Facebook 平台，可以
隨時看到喜愛藝人的最新動態、作
品或留言互動。

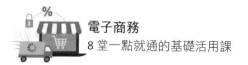
2-6-7　人才流

人才流泛指電子商務的人才培養，以滿足現今電子商務熱潮的人力資源需求。隨著傳統企業的網路化，使得各行各業無不急於發展電商通路，電子商務高速成長的同時，相關人才的需求也就炙手可熱。電商發展腳步瞬息萬變，各行各業搶進電商領域，人才跟不上就變成商家發展的瓶頸，電子商務所需求的人才，是跨領域、跨學科的人才，因此這類人才除了要懂得電子商務的技術面，還必需學習商務經營與管理、行銷與、規劃、產品、工程等服務。隨著近幾年各類行動裝置的快速普及，行動商務已經成為電子商務發展的主流，擁有 APP 設計與行銷經驗的人才，更是未來電商市場的炙手可熱的人才！從事電子商務的人才一定要定時充實自己，才能跟上電商市場瞬息萬變的發展速度

2-7 ▶ 專題討論 - 企業電子化

隨著全球化競爭時代的來臨，二十一世紀是網路時代，也是電子商務時代，電子商務算是企業電子化的一部分，就是一種可以供廠商在網際網路上完成採購交易的系統。企業電子化的目標在於提升企業運作效益與擴展商機，包括從內部文件處理擴張到交易夥伴之間的訊息交換，以達到企業內部資源運用更加有效及透明化，更涵蓋了改造企業或其上下游商業夥伴間的供應鏈運作與流程，對於整體產業發展將會產生良好互動與影響，進而提高顧客服務品質。

「企業電子化」（企業 e 化）系統是一個人機整合系統，因此必須所有參與的人員及電子化流程都能配合良好，才能運作順利。隨著資訊技術日新月異與推陳出新，過去所熟悉的資訊環境，需要付出相當大的心

力進行維護工作，許多電子化系統過份重視電腦硬體，而忽略了人員訓練與溝通，導致人工作業流程失敗與人員反彈，因而影響整體績效。

例如台塑集團除了是台灣石化業的龍頭，持續不斷多角化發展，還跨足了電子材料、機械、海陸運、醫療、教育等多角化事業經營。台塑關係企業源於創辦人王永慶先生對於企業 e 化管理的願景，早期就發現和上下游體系間廠商的作業流程必須進行改造，以提高作業效率，因此大力推動集團 e 化與整合，自民國 67 年開始將管理制度導入電腦作業，迄今擁有將近四十年的企業 e 化推動與實行的經驗，開發國內外其他優良廠商加入台塑企業協力廠商的行列，以有效降低交易成本，企業內部對於採購、業務等相關核簽作業也同時進行流程 e 化的工作，除了對台塑企業的營運模式有所改變，還提供比其競爭對手更好的價值給其顧客，在國內製造業中堪稱推動企業電子化管理的先驅。

◎ 台塑網是台塑集團 e 化效果的最佳典範

課　後　評　量

1. 什麼是營運模式（business model）？

2. 電子商務在網際網路上的營運模式大概可以區分為哪五種類型？

3. 何謂入口網站（portal）？

4. 請簡述線上仲介商（Online Broker）的功能。

5. 請說明商流的意義。

6. 何謂設計流？試說明之。

7. 何謂群眾集資？

8. 試舉例簡述「共享經濟」（The Sharing Economy）模式。

3 引爆指尖下商機的行動商務達人攻略

- ⊙ 認識行動商務
- ⊙ 行動裝置線上服務平台
- ⊙ 行動商務的創新應用
- ⊙ 邁向成功店家的全通路模式
- ⊙ 專題討論 -LINE@ 生活圈

　　隨著 4G 行動寬頻、網路和雲端服務產業的帶動下，全球行動裝置快速發展，結合了無線通訊，無所不在地充斥著我們的生活，這股「新眼球經濟」所締造的市場經濟效應，正快速連結身邊所有的人、事、物，改變著我們的生活習慣，讓現代人在生活模式、休閒習慣和人際關係上有了前所未有的全新體驗。

　　「後行動時代」來臨，消費者在網路上的行為越來越複雜，這股行動浪潮也帶動電商市場的競爭愈趨激烈，越來越多消費者使用行動裝置購物，行動上網已逐漸成為網路服務之主流，連帶也使行動商務成為兵家必爭之地。網路家庭董事長詹宏志曾經在一場演講中發表他的看法：「越來越多消費者使用行動裝置購物，這件事極可能帶來根本性的轉變，甚至讓電子商務產業一切重來。」

◎ L'Oreal 彩妝成功建立行動商務模式

3-1 ▶ 認識行動商務

「行動商務」(Mobile Commerce, m-Commerce)是電商發展最新趨勢,不但促進了許多另類商機的興起,更有可能改變現有的產業結構。現代人手一機,消費螢幕從電腦轉移到小螢幕的智慧型手機上購物,這股趨勢越來越明顯,行動裝置已經主宰電商產業,成為電子商務的銷售主流,所帶來的更是快速到位、互動分享後所產生產品銷售的無限商機,並創造出真正無縫行動服務及跨裝置體驗的時代來臨。行動商務最簡單的定義,就是行動通訊結合電子商務的一種資訊化商業服務,使用者隨時以行動化的終端設備透過行動通訊網路來從事商品、服務、資訊及知識等具有貨幣價值的交易,而且不受地理限制。

◉ PChome24h 購物 App,讓你隨時隨地輕鬆購

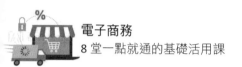

隨著行動商務爆炸性的成長，成為全球品牌關注的下一個戰場，相較於傳統的電視、平面，甚至桌上型電腦，行動媒體除了讓消費者在使用時的心理狀態和過去大不相同，而且還能夠創造與其他傳統媒體相容互動的加值性服務。時至今日，行動商務的重要性已為廣大消費者所肯定，現代的行動商務市場擁有以下四項特性（Clarke, 2001），請看以下說明：

3-1-1 個人化（Personalization）

行動設備將是一種比桌上型電腦更具個人化（Personalization）特色的裝置，因為消費者使用行動裝置時，由於眼球能面向的螢幕只有一個，很有助於協助廣告主更精準鎖定目標顧客，將可以發揮有別於大量傳播訊息管道的傳播效果，真正進行一對一的商務，讓消費者感到賓至如歸以及獨特感。最普遍的是服務是讓消費者在行動時能同步獲得資

訊、服務、及滿足個人的需求,消費者深刻
覺得這個網站是似乎專門為我設計,個人化
的特性帶給行動商務的價值,例如在 NIKEiD.
com 官網上,顧客可以選擇鞋款、材質、顏
色等各種選項,並提交自己的設計,甚至於
藉由 NIKEiD AR 機台,在手機或平板上進行選
色後,還能馬上投影於眼前,最後直接到店
面拿到個人專屬的鞋款,特定訂單可享有免
費寄送與退貨服務。

◉ NIKE 近來也提供客製化的
服務

3-1-2 便利性(Convenience)

因為行動商務相較於傳統電商擁有更多的便利性,擺脫了以往必須在
定點上網的限制,消費者可以透過各種行銷管道,不但能立即連結產品資
訊,還可延伸到更多服務的觸角,以轉換成真正消費的動力,增加消費者
購物的便利性。由於碎片化時代(Fragmentation Era)來臨如何抓緊消費者
眼球是重要行銷關鍵,當消費者產生購買意願時,習慣透過行動裝置這類
最貼身的工具達到目的,消費者對即時性的需求與訊息持有更高期待,即
時又便利的訊息能夠讓品牌被消費者所選擇,此時最容易能吸引他們對於
行銷訴求的注意。

◎ 行動商務提供即時便利的
購物商品資訊

TIPS 　所謂碎片化時代（Fragmentation Era）是代表現代人的生活被很多碎片化的內容所切割，因此想要抓住受眾的眼球越來越難，同樣的品牌接觸消費者的地點也越來越不固定，碎片時間搖身一變成為贏得消費者的黃金時間，電商必須在行動、分散、碎片的條件下讓消費者動心，成為今天行動商務的最重要課題。

3-1-3　定位性（Localization）

　　定位性（Localization）的商務活動本來就長期以來一直是店家或品牌的夢想，因為店家不斷丟廣告給消費者已經不是好的商業手法，現在的消費者根本不會買單。「定址服務」（Location Based Service, LBS）或稱為「適地性服務」，能夠提供符合個別需求及差異化的服務，它代表透過行動裝置探知消費者目前所在的地理位置，並能即時將行銷資訊傳送到對的客戶手中，甚至還可以隨時追蹤並且定位，甚至搭配如 GPS 技術，只要消費者的手機在指定時段內進入該商家所在的區域，就會立即收到相關的行銷簡訊，實體店家也可以利用定位資訊服務鎖定一定範圍內的潛在顧客進行行動商務，為商家創造額外的營收。

台灣奧迪汽車推出可免費下載的 Audi Service App，專業客服人員提供全年無休的即時服務，為提供車主快速且完整的行車資訊，並且採用最新行動定位技術，當路上有任何緊急或車禍狀況發生，只需按下聯絡按鈕，客服中心與道路救援團隊可立即定位取得車主位置。

◎奧迪汽車推出 Audi Service App，並採用行動定位技術

3-1-4 隨處性（Ubiquity）

目前行動通訊範圍幾乎涵蓋現代人活動的每個角落，行動化已經成為一股勢不可擋的力量，「消費者在哪裡、品牌行銷訊息傳播就到哪裡！」，隨著無線網路越來越普及，消費者不論上山下海隨時都能帶著行動裝置到處跑，因為隨處性（Ubiquity）能夠清楚連結任何地域位置，除了隨處可見的行銷訊息，還能協助客戶隨處了解商品及服務，包括照片分享、位置服務即時線上傳訊、影片上傳下載、打卡等功能變得更能隨處使用，滿足使用者對即時資訊與通訊的需求。

> **TIPS** 　打卡（在臉書上標示所到之處的地理位置）是特普遍流行的現象，透過臉書打卡與分享照片，更讓學生、上班族、家庭主婦都為之瘋狂。例如餐廳給來店消費打卡者折扣優惠，利用臉書粉絲團商店增加品牌業績，對店家來說也是接觸普羅大眾最普遍的管道之一。

◎ 走到哪都打卡已經成為人們生活的一部分

3-2 ▶ 行動裝置線上服務平台

　　智慧型手機所以能廣受歡迎，就是因為不再受限於內建的應用軟體，透過 App 的下載，擴充來無限可能的應用。App 是 Application 的縮寫，就是軟體開發商針對智慧型手機及平版電腦所開發的一種應用程式，App 涵蓋的功能包括了圍繞於日常生活的的各項需求。行動 App 是企業或品牌經營者直接與客戶溝通的管道，有了行動 App，企業就等同於建立自己的媒體，App 市場交易的成功，帶動了如憤怒鳥（Angry Bird）這樣的 App 開發公司爆紅，讓 App 下載開創了另類的行動商務模式，許多知名購物商城或網站，開發專屬 App 也已成為品牌與網路店家必然趨勢。

◎ 憤怒鳥公司網頁

3-2-1 App Store

　　App Store 是蘋果公司針對使用 iOS 作
業系統的系列產品，如 iPod、iPhone、iPAD
等，所開創的一個讓網路與手機相融合的新
型經營模式，iPhone 用戶可透過手機或上
網購買或免費試用裡面 App，與 Android 的
開放性平台最大不同，App Store 上面的各
類 App，都必須事先經過蘋果公司嚴格的審
核，確定沒有問題才允許放上 App Store 讓
使用者下載。

◎ App Store 首頁畫面

TIPS 目前最當紅的手機 iPhone 就是使用原名為 iPhone OS 的 iOS 智慧型手機嵌入式系統，可用於 iPhone、iPod touch、iPad 與 Apple TV，為一種封閉的系統，並不開放給其他業者使用。最新的 Iphone X 所搭載的 iOS 11 是一款全面重新構思的作業系統。

3-2-2 Google Play

Google 也推出針對 Android 系統所開發 App 的一個線上應用程式服務平台 Google Play，允許用戶瀏覽和下載使用 Android SDK 開發，並透過 Google 發布的應用程式（App），透過 Google Play 網頁可以尋找、購買、瀏覽、下載及評級使用手機免費或付費的 APP 和遊戲，包括提供音樂、雜誌、書籍、電影和電視節目，或是其他數位內容。Google Play 為一開放性平台，任何人都可上傳其所開發的應用程式，不過由於 Android 陣營的行動裝置採用授權模式，因此在手機與平板裝置的規格及版本上非常多元，因此開發者需要針對不同品牌與機種進行相容性測試。

◎ Google Play 商店首頁畫面

TIPS Android 是 Google 公佈的智慧型手機軟體開發平台，結合了 Linux 核心的作業系統，可讓使用 Android 的軟體開發套件，不但能享有 Google 上的優先服務，憑藉著開放程式碼優勢，愈來愈受手機品牌及電訊廠商的支持。

3-3 ▶ 行動商務的創新應用

　　行動購物族有三高：黏著度高、下單頻率高、消費金額也比一般消費者高。對於企業或店家來說，這種利用行動裝置來做生意的策略，將可以為企業業績帶來全新的商業藍海。在投入行動商務前，企業的思考重心，應放在如何滿足客戶價值與興趣，創新才是真正能促進行動商務持續發展的重要驅動因素。

⊙ 使用 App 行動購物已經成為現代人的流行風潮

　　當前許多實體零售店想切入行動商務的領域，或是小型品牌商想開拓 App 商機，無論是線上消費或帶動客戶到實體通路購買，顯然透過行動商務的應用已經從過去單純的訊息傳遞，變成引導消費者完成消費過程的行銷工具。行動商務已逐漸融入我們的生活，為了因應新興行動網路應用服務模式的演進趨勢，許多行動商務的型態已日新月異，接下來我們將會為各位介紹目前最當紅行動商務與科技的創新應用。

3-3-1 穿戴式裝置的無限商機

由於電腦設備的核心技術不斷往輕薄
短小與美觀流行等方向發展，備受矚目的
「穿戴式裝置」（Wearables）更因健康風潮
的盛行，為行動裝置帶來多樣性的選擇，
其中又以腕帶、運動手錶、智慧手錶為大
宗。穿戴式裝置的特殊性，並非裝置本身，
特殊之處在於將為全世界帶來全新的行動
商業模式，電商要做出差異化，出貨時間
與物流的配合是關鍵，例如在倉儲、物流
中心等商品運輸領域，早已可見工作人員
配戴各類穿戴式裝置協助倉儲相關作業，
或者可以同時扮演商務連結者的角色。

◎ 韓國三星推出了許多時尚實
用的穿戴式裝置

例如一名準備用餐的消費者戴著 Google 眼鏡在速食店前停留，虛擬
優惠套餐清單立刻就會呈現給他參考，或者以後透過穿戴式裝置，乘客
可以直接向計程車司機叫車，不像現在透過車隊的客服中心轉接，從一
般消費者的食衣住行日常生活著手，運用創意吸引消費者來開發更多穿
戴式裝置的廣告工具，未來肯定有更多想像和實踐的可能性。

TIPS 所謂的「跨螢」就是指使用者擁有兩個以上的裝置數，通常購買商
品時可能利用時間在手機上先行瀏覽電商網站的商品介紹，再利空檔時間將
要購買的商品先行放入購物車，等一切要購買的商品選齊後，也許在手機上
直接下單，但也有可能在自己的平板電腦或桌上型電腦作下單的行為。

3-3-2 行動智慧無人商店

由於行動使用者同樣也會是一般商店的使用者，App 與傳統商店方可以彼此整合資源，因此還可以不斷的跨足各種實體商品的販售，Amazon 是電子商務網站的先驅與典範，除了擁有幾百萬種多樣商品之外，成功的因素不只是懂得傾聽客戶需求，而且還不斷努力提升消費者購買動機，在行動應用領域的創新作法也沒有缺席。

雖然Amazon Go仍需要員工進行補貨、製作食物以及客戶服務等工作，還不算是真正的無人商店，但已經是商店科技上的一大進步。

◉ Amazon 推出的智慧無人商店 Amazon Go

Amazon 針對手機 App 購物者，不但推出限定折扣優惠商品，並在優惠開始時推播提醒訊息到消費者手機，同時結合商品搜尋與自定客製化推薦設定等功能，透過各種行銷措施來打造品牌印象與忠誠度。近年來更推出智慧無人商店 Amazon Go，只要下載 Amazon Go 專屬 App，當你走進 Amazon Go 時，打開手機 App 感應，在店內不論選擇哪些零食、生鮮或飲料都會感測到，然後自動加入購物車中，除了在行動平台上進行廣告外，更可以透過 App 作為最前端的展示，甚至於等到消費者離開時手機立即自動結帳，自動從 Amazon 帳號中扣款，讓客戶免去大排長龍之苦，享受「拿了就走」的流暢快速消費體驗。

3-3-3 沙發商務的搶錢熱潮

低頭滑手機的現象隨處可見，滑世代已經悄悄來臨，在現實生活中許多人喜歡躺在沙發上，直接馬上「手滑」血拼一番，並且享受快速配送的服務，所以往往上午下單、下午就收到貨了，這種使用平板或手機直接購物的「沙發商務」（Coach Commerce）現象越來越普遍。因此愈來愈多業者投入以行動裝置為主的電商市場，近年來不斷萌生許多利用 App 經營的網路商店，其中行動購物 App 相當受到歡迎，不但可以省去上街購物的時間與心力，對於店家而言更是有效降低開店相關成本。

◎ 消費者只要打開「零點選」App，熱呼呼的披薩立刻送到家

◎ 蝦皮購物為東南亞及台灣最大的行動購物平台

網路拍賣商機不但延燒到手機,也改變了消費者的生活型態,例如快速崛起的蝦皮(Shopee)購物 App,超過 1,200 萬人次下載,也成為 App Store 年度最佳 App 購物類別冠軍,蝦皮購物 App 是一個供買賣雙方線上交易的免費 App 軟體,利用行動購物 App 應用軟體低成本且流通速度快的優點,使經營成本降到最低,只需要 30 秒即可快速將商品上架,標榜「隨時隨地,隨拍即賣!讓拍賣就像 po 文一樣簡單」,並且與黑貓宅急便合作推出「免運費」的服務,以及友善的操作介面,讓你隨時隨地都能輕鬆享受購物與開店的樂趣。

3-4 邁向成功店家的全通路模式

隨著線下(off line)跟線上(on line)的界線逐漸消失,當消費者購物的大部分重心已經轉移到線上時,通路其實就不單僅於實體店、網路商城、行動購物、App、社群等,現在通路的融合是各界關注的重點,網路購物的項目已從過去單純買衣服、買鞋子,朝向行動裝置等多元銷售、支付和服務通路,通過各種平臺加強和客戶的溝通,競相為顧客打造精緻個人化服務。面臨虛實整合時代的全通路商機,最重要的基礎是提供創新的商業模式來迎接以消費者,與推動「全通路體驗」(Omni-Channel Experience)的發展,接下來我們要為各位介紹目前全通路的熱門零售模式。

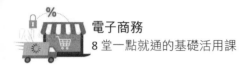

3-4-1　O2O 行銷

　　O2O 模式就是整合「線上（Online）」與「線下（Offline）」兩種不同平台所進行的一種行銷模式，因為消費者也能「Always Online」，讓線上與線下能快速接軌，透過改善線上消費流程，直接帶動線下消費，特別適合「異業結盟」與「口碑銷售」，因為 O2O 的好處在於訂單於線上產生，每筆交易可追蹤，也更容易溝通及維護與用戶的關係，如此才能以零距離提升服務價值，包括流暢地連接瀏覽商品到消費流程，打造全通路的 360 度完美體驗。我們以提供消費者 24 小時餐廳訂位服務的訂位網站「EZTABLE 易訂網」為例，易訂網的服務宗旨是希望消費者從訂位開始就是一個很棒的體驗，除了餐廳訂位的主要業務，後來也導入了主動銷售餐券的服務，不僅滿足熟客的需求，成為免費宣傳，也實質帶進訂單，並拓展了全新的營收來源。

◎ EZTABLE 買家於線上付費購買，然後至實體商店取貨

3-4-2　反向 O2O 行銷

　　隨著 O2O 迅速發展後，現在也越來越多企業採用反向的 O2O 通路模式（Offline to Online），從實體通路連回線上，就是將上一節傳統的 O2O 模式做法反過來，消費者可透過在線下實際體驗後，透過 QR code 或是行動終端連結等方式，引導消費者到線上消費，並且在線上平台完成購買並支付。反向 O2O 模式就是回歸了實體零售的本質，儘可能保持或提高消費者在傳統模式時的體驗，讓消費者透過實體的管道接觸商品，再利用行動裝置線上消費，包括餐廳、咖啡館、酒吧、美容院、大賣場或者生活服務產業等，例如南韓特易購（Tesco）的虛擬商店首次與三星合作，在地鐵內裝置了多面虛擬商品數位牆，當通勤族等車瀏覽架上商品時，透過 QR code 或是行動終端連結等方式，就可以快快樂樂一邊等車、一邊購物，然後等宅配直接送貨到府即可。

◎ 特易購的虛擬商店可以讓顧客一邊等車、一邊購物

3-4-3　ONO 行銷

　　在初期要成功把 O2O 模式做好是相當困難，最好是起步時先能做到線上與現下融合，也就是 ONO 模式。所謂 ONO（Online and Offline）模式，就是將線上網路商店與線下實體店面能夠高度結合的共同經營模式，從而實現線上線下資源互通，雙邊的顧客也能彼此引導與消費的局面。

◎ 阿里巴巴與大潤發聯手全通路零售

　　由於大多數消費者對實體購物還是情有獨鍾，網路雖然方便，實體商店還是有電商完全沒有辦法提供的加值服務，例如除了擁有真人的服務與溫度，包括「即買即用」，「所見既所得」也是實體商店的一大優勢。阿里巴巴創辦人馬雲更積極入股實體零售業大潤發，進一步打通線上線下的通路，實現品牌的全通路佈局，不但能改善傳統門市的經營效率，更能發展出顛覆實體零售的創新模式。

> **TIPS**　OIO（Online Interacts with Offline）模式就是線上線下互動經營模式，近年電商業者陸續建立實體據點與體驗中心，即除了電商提供網購服務之外，並協助實體零售業者在既定的通路基礎上，可以給予消費者與商品面對面接觸，並且為消費者提供交貨或者送貨服務，彌補了電商平台經營服務的不足。

3-4-4　O2M/OMO 行銷

愈來愈多行動購物族群都是全通路消費者，電商面臨的消費者是一群全天候、全通路無所不在的消費客群，傳統 O2O 手段已無法滿足全通路快速的發展速度，以往電商可能只要關注 PC 端用戶，但是現在更要關注行動端用戶。行動購物的熱潮更 朝 虛 實 整 合 OMO（Online / Offline to Mobile）體驗發展，包括流暢地連接瀏覽商品到消費流程，線上線下無縫整合的行銷體驗。

◎ GOMAJI 經由 O2O 轉型成為吃喝玩樂券的 O2M 平台

O2M 是線下（Offline）與線上（Online）和行動端（Mobile）進行互動，或稱為 OMO（Offline Mobile Online），也就是 Online（線上）To Mobile（行動端）和 Offline（線下）To Mobile（行動端）並在行動端完成交易，與 O2O 不同，O2M 更強調的是行動端，打造線上 - 行動 - 線下三位一體的全通路模式，形成實體店家、網路商城、與行動終端深入整合行銷，並在線下完成體驗與消費的新型交易模式。

　　從本質上講，O2M 是 O2O 的升級，想要邁向線上線下深度融合的 O2M 階段，唯有通過不斷創新行動端行銷來吸引客戶，才能有效促進實體店面的業績與績效。例如台灣最大的網路書店「博客來」所推出的 App「博客來快找」，可以讓使用者在逛書店時，透過輸入關鍵字搜尋以及快速掃描書上的條碼，然後導引你在博客來網路上購買相同的書，完成交易後，會即時告知取貨時間與門市地點，並享受到更多折扣。

◎ 博客來快找還會幫忙搶實體書店客戶的訂單

3-5 ▶ 專題討論 -LINE@ 生活圈

　　LINE 繼續鎖定全國實體店家，為了服務中小企業，LINE 開發出了更親民的行銷方案，導入日本的創新行銷工具「LINE@ 生活圈」，LINE 官方認為行動商務還有很多創新的空間，行動商務會加速原來實體零售業進化的速度，真正和顧客建立起長期的溝通管道。

◎ 加入商家為好友，可不定期看到好康訊息

店家不斷丟廣告給消費者已經不是好的行銷手法，現在的消費者根本不會買單，原因就是根本沒有先建立與消費者之間的互動關係。LINE@ 生活圈這項服務讓店家可以透過 LINE 帳號推播即時活動訊息給其他企業、店家、甚至是個人，都能藉由專屬帳號與好友互動，並能串連與好友之間的生活圈，就有機會拉近彼此的關係，將線上的好友轉成實際消費顧客群，並定期更新動態訊息，爭取最大的品牌曝光機會。

「LINE@ 生活圈」帳號不但可讓商家直接收到客戶的諮詢，可以同步打造「行動官網」，任何 LINE 用戶只要搜尋 ID、掃描 QR Code 或是搖一搖手機，就可以加入喜愛店家的「LINE@ 生活圈」帳號，在顧客還沒有到店前傳達訊息，並直接回應客戶的需求，像是預約訂位或活動諮詢等，實體店家也可以利用定位服務（LBS）鎖定生活圈 5 公里的潛在顧客進行廣告行銷，顧客只要加入指定活動店家的帳號，即可收到店家推播的專屬優惠。至於 LINE@ 生活圈的使用並不複雜，它就像是 LINE 群組的加強版，L 有兩種不同帳號，「一般帳號」可以讓商家或個人申請，而「認證帳號」需經過官方審核認證才可以，僅開放給中小企業、公司行號、社團法人申請。請由手機的「Play 商店」搜尋「LINE@ 生活圈」，找到「LINE@App（LINEat）」程式並自行安裝即可。

1. 請說明行動商務的定義。

2. 請簡介行動商務的四種特性。

3. 何謂全球定位系統（Global Positioning System, GPS）？

4. 請簡介 App 的功用。

5. 請簡介「定址服務」（Location Based Service,LBS）。

6. 請簡述反向 O2O 模式。

7. 何謂 ONO（Online and Offline）模式？

8. 試說明 OMO（offline-mobile-online）。

MEMO

4 打造買家甘心掏錢的安全交易網路

- ⊙ 電子支付系統簡介
- ⊙ 常見電子支付模式
- ⊙ 行動支付的熱潮
- ⊙ 電子商務交易安全機制
- ⊙ 專題討論 - 第三方支付

網路購物的消費型態正是 e 時代的趨勢，電子商務最關鍵的動作當然就是要讓客戶付款來完成交易的動作，伴隨電子科技的突飛猛進，各種電子支付工具不斷推陳出新，已使得電商市場的產銷活動與金融市場的交易產生了新的型態與運作規則。從早期實體 ATM 或銀行轉帳、電子方式下單、通知或授權金融機構進行的資金轉移行為，演變成線上刷卡、網路 ATM 轉帳、超商代碼繳費、貨到付款、手機小額付款。

◎ 貨到付款是相當普遍的付款方式

TIPS 超商代碼繳費是當消費者在網路上購買後會產生一組繳費代碼，只要取得代碼後，在超商完成繳費就可立即取得服務，例如 7-Eleven 的 ibon 是 7-11 的一台機器，可以在上面列印優惠券、訂票、列印付款單據等。

各位如果在國外，還可以透過 PayPal 等有儲值功能的帳戶進行線上交易等等。雖然電子付款的方式較一般的傳統付款方式便捷，如何建立個人化與穩定安全的金流環境，已成電子商務邁向更普及最迫切需要解決的問題。

TIPS PayPal 是全球最大的線上金流系統與跨國線上交易平台，適用於全球 203 個國家，屬於 ebay 旗下的子公司，可以讓全世界的買家與賣家自由選擇購物款項的支付方式，只要提供 PayPal 帳號即可，也能省去不必要的交易步驟與麻煩，如果你有足夠的 PayPal 餘額，購物時所花費的款項將直接從餘額中扣除，或者 PayPal 餘額不足的時候，還可以直接從信用卡扣付購物款項。

PayPal 是全球最大的線上金流系統

4-1 ▶ 電子支付系統簡介

　　支付系統是經濟體系中經金融交易市場的基礎，而效率暨安全的電子支付系統是現代電子商務環境中不可或缺的條件，今日透過網際網路（Internet）無遠弗屆的特性，支付系統結合電子科技的幫助，更是造就了前所未有的高度資訊金融化社會。所謂電子支付系統，就是利用數位訊號的傳遞來代替一般貨幣的流動，達到實際支付款項的目的，也就是以線上方式進行買賣雙方的資金轉移。

4-1-1 電子支付系統的架構

　　成功的電子支付系統，不僅可以協助降低交易成本，推動電子商業活動的發展，更可望提升交易安全，以及提升電子商務市場運作效率。電子支付系統針對不同目標市場，當然有不同設計，儘管目前電子支付系統種類繁多，但本質上其架構則均屬一致，電子支付系統需要有硬軟體設備的支援，架構如下圖所示：

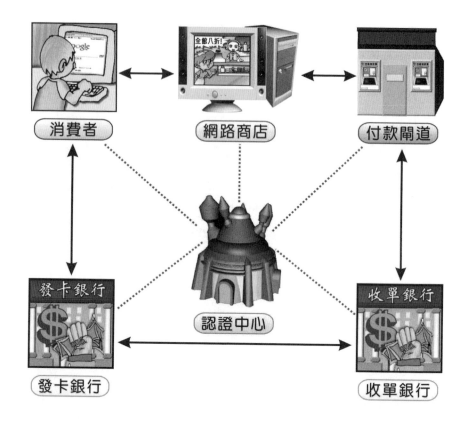

- **消費者（Buyer）**：指在線上交易中，購買商品或服務的一方，也就是付款者（Payer）。

- **賣方（Seller）**：係指在線上交易中，販賣商品或提供貨物或勞務的單位，也就是收款者（Payee）。

- **發卡銀行（Issuer）**：發行貨幣價值機構，就是消費者用來付款的線上發卡銀行。

- **收單銀行（Acquirer）**：提供商店收款與請款金融服務的銀行，它負責代理商店進行應收帳款的清算、管理商店帳戶等。

- **憑證管理中心（Certificate Authority ,CA）**：扮演著一個可被信賴的公正第三者，是由信用卡發卡單位所共同委派的公正代理組織，負

責提供持卡人、特約商店以及參與銀行交易所需數位憑證（Digital Certificates）的產生、簽發、認證、廢止的過程，並與銀行連線，會同發卡、及收單銀行核對申請資料是否一致。

- **付款閘道（Payment Gateway）**：付款閘道是對外提供服務的介面，是信用卡金融機構和網際網路之間的中介機制，可以傳送與接收交易訊息，並負責交易訊息中之付款人帳戶與款項的電子化查詢或比對，例如 PayPal、Google、歐付寶都是相當知名的支付閘道。

4-1-2 電子支付系統的四種特性

在全球化之下的數位時代，透過現代電子支付系統的運作，幾乎所有的經濟金融交易皆可透過網路直接進行，由於支付系統是電商市場經濟體制的重要管道，藉著電子支付系統的建立，銀行可以將提供的各種金融服務由客戶自行處理，如透過網路提供網路銀行轉帳、匯款、支付帳款方面的服務。為確保電子支付機構之交易資訊安全及業務健全運作，現代電子支付系統必須具備以下四種特性：

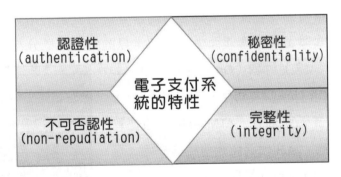

- **秘密性（confidentiality）**：表示交易相關資料必須保密，當資料傳遞時，確保資料在網路上傳送不會遭截取、窺竊而洩漏資料內容，除了被授權的人，在網路上不怕被攔截或偷窺，而損害其秘密性。

- **完整性（integrity）**：表示當資料送達時必須保證資料沒有被篡改的疑慮，訊息如遭篡改時，該筆訊息就會無效，例如由甲端傳至乙端的資料有沒有被篡改，乙端在收訊時，立刻知道資料是否完整無誤。

- **認證性（authentication）**：表示當傳送方送出資訊時，就必須能確認傳送者的身分是否為冒名，例如傳送方無法冒名傳送資料，持卡人、商家、發卡行、收單行和支付閘道，都必須申請數位憑證進行身份識別。

- **不可否認性（non-repudiation）**：表示保證使用者無法否認他所完成過之資料傳送行為的一種機制，必須不易被複製及修改，就是指無法否認其傳送或接收訊息行為，例如收到金錢不能推說沒收到；同樣錢用掉不能推收遺失，不能否認其未使用過。

4-2 ▶ 常見電子支付模式

隨著電腦及通訊科技的突飛猛進，以及網路交易的殷切需求，結合最新資訊技術的電子支付系統是目前全球金融體系的趨勢，各種新的電子支付方式與工具也應運而生。目前常見的方式可概分為非線上付款（Off Line）與線上付款（On Line）兩類。非線上付款（Off Line）方式包括有傳真刷卡、劃撥轉帳、條碼超商代、ATM 轉帳、櫃臺轉帳、貨到付款、超商代碼繳費傳統方式等。至於線上付款（On Line）又稱為電子支付方式，就是利用數位訊號的傳遞來代替一般貨幣的流動，達到實際支付款項的目的，以下介紹線上付款常見模式：

◎ ATM 轉帳是常見的非線上付款模式

4-2-1　線上刷卡

信用卡付款早已成為 B2C 電子商務中消費者最愛使用的支付方式之一，大約 90% 的線上支付均使用信用卡的方式完成。由於消費者在網路上使用信用卡付款時，店家沒有辦法利用核對顧客的簽名的方式作為確認的方式，消費者必須輸入卡號及基本資料，店家再將該資料送至信用卡收單銀行請求授權，只要經過許可，商店便可向銀行取得貨款，不過消費者於網上使用信用卡交易，仍須面臨不同程度之安全性風險。

> **TIPS**　虛擬信用卡是一種由發卡銀行提供消費者一組十六碼卡號與有效期做為網路消費的支付工具，僅能在網路商城中購物，無法拿到實體店家消費，與實體信用卡最大的差別就在於發卡銀行會承擔虛被冒用的風險，信用額度較低，只有 2 萬元上限。

4-2-2　電子現金

電子現金（Eelectronic Cash,e-Cash）又稱為數位現金，是將原本的紙鈔現金改以數位的方式存在，主要的用途是做為替代信用卡來支付網路上經常性的小額開銷，相當於銀行所發行具有付款能力的現金，必須附加一個加密的識別序號（類似一般鈔票上的序號），並使用此序號向銀行確認是否正確，然後再決定是否接受此電子現金。電子現金只有在申購時需要先行開立帳戶，就可以在接受電子現金的商店購物了，目前區分為智慧卡型電子現金與可在網路使用的電子錢包：

- **電子錢包**：電子錢包（Electronic Wallet）是一種符合安全電子交易的電腦軟體，就是你在網路上購買東西時，可直接用電子錢包付

錢,而不會看到個人資料,將可有效解決網路購物的安全問題。以往的電子商務交易方式,都是直接透過信用卡交易,商家很可能攔截盜用個人的信用卡資料,現在有了電子錢包之後,在特約商店的電腦上,只能看到消費者選購物品的資訊,就不用再擔心信用資料可能外洩的問題了。

電子錢包裡面儲存了持卡人的個人資料,如信用卡號、電子證書、信用卡有效期限等。如果要使用電子錢包購物,首先消費者要先向憑證中心申請取得「個人網路身分證」(即電子證書),消費者向銀行申請一組密碼,當進行交易時,只要輸入這組密碼,商店即會自動連線到發卡銀行查詢,它會將持卡者的信用資料加密之後再傳至特約商店的伺服器中,而信用卡的卡號及信用資料等機密內容,只有發卡銀行在處理帳務時將訊息解密後才能看得到。例如只要有 Google 帳號就可以申請 Google Wallet 電子錢包並綁定信用卡或是金融卡,透過信用卡的綁定,就可以針對 Google 自家的服務進行消費付款,簡單方便又快速。

◎ Google 的電子錢包相當方便實用

■ **智慧卡**：智慧卡是一種外形與信用卡一樣，內有微處理器及記憶體，可將現金儲值在智慧卡中，可由使用者隨身攜帶以取代傳統的貨幣方式，能夠在電子商務交易環境中增進整個電子商務交易環境的安全性。例如目前知名的 7-Eleven 發行的 icash 卡及許多台北捷運所使用的悠遊卡，iCash 是 7-Eleven 發行的預付儲值卡，屬於接觸式智慧卡，可以重複加值，加值後可持卡在全國 7-Eleven 消費。

TIPS　「WebATM」（網路 ATM）是一種晶片金融卡網路收單服務，除了提領現金之外，其他如轉帳、繳費（手機費、卡費、水電費、稅金、停車費、學費、社區管理費）、查詢餘額、繳稅、更改晶片卡密碼等，只要擁用任何一家銀行發出的「晶片金融卡」，插入一台「晶片讀卡機」，再連結電腦上網至網路 ATM，就可立即轉帳支付消費款項。

4-2-3　電子票據

電子票據就是以電子方式製成的票據，是網路銀行常用的一種電子支付工具，並且使用數字簽名和自動驗證技術來確定其合法性，也就是利用電子簽章取代實體簽名蓋章，可以如同實體票據一樣進行轉讓、貼現、質押、托收等行為，包括電子支票、電子本票及電子匯票。

例如電子支票模擬傳統支票，是電子銀行常用的一種電子支付工具，以電子簽章取代實體之簽名蓋章，設計的目的就是用來吸引不想使用現金而寧可採用個人和公司電子支票的消費者，在支付及兌現過程中需使用個人及銀行的數位憑證。

> **TIPS** 比特幣是一種全球通用加密電子
> 貨幣，和線上遊戲虛擬貨幣相比，比特幣
> 可說是這些虛擬貨幣的進階版，比特幣是
> 通過特定演算法大量計算產生的一種虛擬
> 貨幣，任何人都可以下載 Bitcoin 的錢包
> 軟體，交易雙方需要類似電子信箱的「比
> 特幣錢包」和類似電郵位址的「比特幣位
> 址」，這像是一種虛擬的銀行帳戶，並以
> 數位化方式儲存於雲端或是用戶的電腦。

4-3 ▶ 行動支付的熱潮

　　隨著行動裝置的大量普及，各項數據都顯示消費者已經使用手機
來處理生活中的大小事情，甚在包括了購物與付款，特別是漸漸開始風
行的行動支付，也對電商產業帶來相當大的改變。所謂「行動支付」
（Mobile Payment），就是指消費者通過手持式行動裝置對所消費的商品
或服務進行賬務支付的一種支付方式。就消費者而言，可以直接用手機
刷卡、轉帳、優惠券使用，甚至用來搭乘交通工具，台灣開始進入行動
支付時代，真正出門不用帶錢包的時代來臨！對於行動支付解決方案，
目前主要是以 QR Code、條碼支付與 NFC（近場通訊）三種方式為主。

4-4-1　NFC 行動支付

　　NFC 最近會成為市場熱門話題，主要是因為其在行動支付中扮演重要的角色。目前 NFC 行動支付使用最成熟的是日本，NFC 手機進行消費與支付已經是一個全球發展的趨勢，NFC 感應式支付在行動支付的市場可謂後發先至，越來越多的行動裝置配置這個功能，NFC 手機進行消費與支付已經是一個未來全球發展的趨勢，只要您的手機具備 NFC 傳輸功能，就能向電信公司申請 NFC 信用卡專屬的 SIM 卡，再將 NFC 行動信用卡下載於您的數位錢包中，購物時透過手機感應刷卡，輕輕一嗶，結帳快速又安全。

◎ 國內許多銀行推出 NFC 行動付款

> **TIPS** NFC（Near Field Communication, 近場通訊）是由 PHILIPS、NOKIA 與 SONY 共同研發的一種短距離非接觸式通訊技術，又稱近距離無線通訊，以 13.56MHz 頻率範圍運作，能夠在 10 公分以內的距離達到非接觸式互通資料的目的，資料交換速率可達 424kb/s，可在您的手機與其他 NFC 裝置之間傳輸資訊，因此逐漸成為行動支付、行銷接收工具的最佳解決方案。

4-4-2　QR Code 支付

　　在這 QR 碼被廣泛應用的時代,未來商品也將透過 QR 碼的結合行動支付應用。例如玉山銀與中國騰訊集團的「財付通」合作推出 QR Code 行動付款,陸客來台觀光時滑手機也能買台灣貨,只要下載 QR Code 的免費 App,並完成身份認證與鍵入信用卡號後,此後不論使用任何廠牌的智慧型手機,就可在特約商店以 QR Code APP 掃描讀取台灣商品的方式,達到了「一機在手,即拍即付」的便利性。

◎ 美美旅遊提供優惠券 QR Code
免列印 - 手機帶著走活動

　　QR Code 連結所帶來的電商相應用相當廣泛,可針對不同屬性活動搭配不同的連結內容,例如我們常會邀請消費者利用 QR Code 採取某些行動,例如訂閱電子報、加入粉絲團、按讚、分享給他人,現在走到哪裡都會看到 QR 碼,同時藉由 QR 碼的輸入取得商品資訊。

4-4-3 條碼支付

條碼支付近來也在世界各地掀起一陣旋風,各位不需要額外申請手機信用卡,同時支援 Android 系統、iOS 系統,也不需額外申請 SIM 卡,免綁定電信業者,只要下載 App 後,以手機號碼或 Email 註冊,接著綁定手邊信用卡或是現金儲值,手機出示付款條碼給店員掃描,即可完成付款。條碼行動支付現在最廣泛被用在便利商店,不僅可接受現金、電子票證、信用卡,還與多家行動支付業者合作,目前有「GOMAJI」、「歐付寶」、「Pi 行動錢包」、「街口支付」、「LINE Pay」及甫上線的「YAHOO 超好付」等 6 款手機支付軟體。例如 LINE Pay 主要以網路店家為主,將近 200個品牌都可以支付,而 PChome Online(網路家庭)旗下的行動支付軟體「Pi 行動錢包」,與台灣最大零售商 7-11 與中國信託銀行合作,可以利用「Pi 行動錢包」在全台 7-11 完成行動支付,也可以用來支付台北市和宜蘭縣停車費。

◎ Pi 行動錢包,讓你輕鬆拍安心付

4-4 ▶ 電子商務交易安全機制

目前電子商務的發展受到最大的考驗，就是線上交易安全性。由於線上交易時，必須於網站上輸入個人機密的資料，例如身分證字號、信用卡卡號等資料，如果這些資料不慎被第三者截取，那麼將造成使用者的困擾與損害。特為了改善消費者對網路購物安全的疑慮，建立消費者線上交易的信心，相關單位做了很多的購物安全原則建議，至今仍然未發展出一個國際標準組織，能夠規範出一個完整且標準的安全機制與協定，以提供給所有的網路交易來使用。在這種情形下，也形成各家廠商紛紛自訂標準，目前國際上最被商家及消費者所接受的電子安全交易機制就是 SSL 及 SET 兩種。

4-4-1 安全插槽層協定（SSL）/ 傳輸層安全協定（TLS）

「安全插槽層協定」（Secure Socket Layer, SSL）是一種 128 位元傳輸加密的安全機制，由網景公司於 1994 年提出，是目前網路交易中最多廠商支援及使用的安全交易協定。在支援的廠商中，不乏像是微軟這種知名的公司，目的在於協助使用者在傳輸過程中保護資料安全。SSL 憑證包含一組公開及私密金鑰，以及已經通過驗證的識別資訊，並且使用 RSA 演算法及證書管理架構，它在用戶端與伺服器之間進行加密與解密的程序。目前大部分的網頁伺服器或瀏覽器，都能夠支援 SSL 安全機制，其中更是包含了微軟的 Internet Explorer 瀏覽器。

為了提升網站安全性，像是 Google、Facebook 等知名網站，皆已陸續增添 Https 加密，例如想要防範網路釣魚首要方法，必須能分辨網頁是否安全，一般而言有安全機制的網站網址通訊協定必須是 https://，而不

是 http://，https 是組合了 SSL 和 Http 的通訊協定，另一個方式是在螢幕右下角，會顯示 SSL 安全保護的標記，在標記上快按兩下滑鼠左鍵就會顯示安全憑證資訊。

由於採用公鑰匙技術識別對方身份，受驗證方須持有認證機構（CA）的證書，其中內含其持有者的公共鑰匙。不過必須注意的是，使用者的瀏覽器與伺服器都必須支援才能使用這項技術，目前最新的版本為 SSL3.0，並使用 128 位元加密技術。由於 128 位元的加密演算法較為複雜，為避免處理時間過長，通常購物網站只會選擇幾個重要網頁設定 SSL 安全機制。當各位連結到具有 SSL 安全機制的網頁時，在瀏覽器下網址列右側會出現一個類似鎖頭的圖示，表示目前瀏覽器網頁與伺服器間的通訊資料均採用 SSL 安全機制：

使用 SSL 最大的好處，就是消費者不需事先申請數位簽章或任何的憑證，就能夠直接解決資料傳輸的安全問題。不過當商家將資料內容還原準備向銀行請款時，這時候商家就會知道消費者的個人資料。如果商家心懷不軌，消費者還是可能受到某些的損害。至於最新推出的傳輸層安全協定（Transport Layer Security, TLS）是由 SSL 3.0 版本為基礎改良而來，會利用公開金鑰基礎結構與非對稱加密等技術來保護在網際網路上傳輸的資料，使用該協定將資料加密後再行傳送，以保證雙方交換資料之保密及完整，在通訊的過程中確保對象的身份，提供了比 SSL 協定更好的通訊安全性與可靠性，避免未經授權的第三方竊聽或修改，可以算是SSL 安全機制的進階版。

4-4-2　安全電子交易協定（SET）

由於 SSL 並不是一個最安全的電子交易機制，為了達到更安全的標準，於是由信用卡國際大廠 VISA 及 MasterCard，於 1996 年共同制定並發表的「安全交易協定」（Secure Electronic Transaction, SET），透過系統持有的公鑰與使用者的私鑰進行加解密程序，以保障傳遞資料的完整性與隱密性，後來陸續獲得 IBM、Microsoft、HP 及 Compaq 等軟硬體大廠的支持，加上 SET 安全機制採用非對稱鍵值加密系統的編碼方式，並採用知名的 RSA 及 DES 演算法技術，讓傳輸於網路上的資料更具有安全性，將可以滿足身份確認、隱私權保密資料完整和交易不可否認性的安全交易需求。

SET 機制的運作方式是消費者與網路商家並無法直接在網際網路上進行單獨交易，雙方都必須在進行交易前，預先向「憑證管理中心」（CA）取得各自的 SET 數位認證資料，進行電子交易時，持卡人和特約商店所使用的 SET 軟體會在電子資料交換前確認雙方的身份。

TIPS 「信用卡 3D」驗證機制是由 VISA、MasterCard 及 JCB 國際組織所推出，作法是信用卡使用者必須在信用卡發卡銀行註冊一組 3D 驗證碼完成註冊之後，當信用卡使用者在提供 3D 驗證服務的網路商店使用信用卡付費時，必須在交易的過程中輸入這組 3D 驗證碼，確保只有您本人才可以使用自己的信用卡成功交易，才能完成線上刷卡付款動作。

4-5 ▶ 專題討論－第三方支付

近幾年來，網路交易已經成為現代商業交易的潮流及趨勢，交易金額及數量不斷上升，成長幅度已經遠大於實體店面，但是在電子商務交易中，一般銀行不會為小型網路商家與個人網拍賣家提供信用卡服務，因此無法直接在網路上付款，這些人往往是網路交易的大宗力量，為了更加提升交易效率，由具有實力及公信力的「第三方」設立公開平台，做為銀行、商家及消費者間的服務管道模式孕育而生，使用第三方支付只需要一組帳號密碼就能搞定，便利性大大提高了，消費者也會更加願意購買。

在電子商務的世界中，即便目前已經有信用卡，貨到付款以及超商取貨付款等繳款方式，可是以上三種都有一定的不便利性，買賣雙方如果透過「第三方支付」機制，用最少的代價保障彼此的權益，就可降低彼此的風險。在網路交易過程中，第三方支付機制建立了一個中立的支付平台，為買賣雙方提供款項的代收代付服務。

當買方選購商品後，只要利用第三方支付平台提供的帳戶，進行貨款支付（包括有 ATM 付款、信用卡付款及儲值付款），當貨款支付後，由第三方支付平台通知賣家貨款到帳、要求進行發貨，買方在收到貨品及檢驗確認無誤後，通知可付款給賣家，第三方再將款項轉至賣家帳戶，從理論上來講，這樣的作法可以杜絕交易過程中可能的欺詐行為，也大大增加了網路購物的安全性與信任感。例如使用悠遊卡購買捷運車票或用 iCash 在 7-Eleven 購買可樂，因為我們都沒有實際拿錢出來消費，店家也沒有直接向我們收錢，廣義上這些模式都可稱得上是第三方支付模式。

第三方支付可説是網路時代交易媒介的變形，也是促使電子商務產業成熟發展的要件之一。不同的購物網站，各自有不同的第三方支付的機制，美國很多網站會採用 PayPal 來當作第三方支付的機制，在中國最著名的淘寶網，採用的第三方支付為「支付寶」，讓 C2C 的交易不再因為付款不方便，買家不發貨等問題受到阻擾。「支付寶」是阿里巴巴集團也發展的一個第三方線上付款服務。

過去 B2B 買賣雙方之間皆為企業，付款與信任度皆沒有太大的問題，但變成 C2C 之後，部分消費者對於網路購物有著一定程度的不信任度，畢竟網路購物糾紛一直是常見的新聞，現在只要申請了這項服務，就可以立即在中國大大小小的網路商城中購買商品，在淘寶網購物，都是需要透過支付寶才可付，也支援台灣的信用卡刷卡，是很便利的一種付費機制。

◎ 支付寶網頁的使用說明與操作方法

　　台灣第三方支付機制雖然相起步較晚，畢竟也通過了第三方支付（Third-Party Payment）專法，由具有實力及公信力的「第三方」設立公開平台，做為銀行、商家及消費者間的服務管道模式孕育而生。例如這樣的作法讓許多遊戲玩家可以直接在遊戲官網輕鬆使用第三方支付收款服務，有效改善遊戲付費體驗，對遊戲業者點數卡的銷售通路造成結構性改變，過去業者透過傳統實體通路會被抽 30 至 40% 的費用，改採第三方支付可降至 10% 以下，這讓遊戲公司的獲利能力，更有機會大幅提升，對遊戲產業的生態也產生了巨大的變化。

1. 試簡述超商代碼繳費的流程。

2. 電子支付系統的架構有哪些？

3. 付款閘道（Payment Gateway）是什麼？請舉例說明。

4. 現代電子支付系統必須具備以下哪四種特性？

6. 何謂虛擬信用卡？

5. 何謂「電子錢包」（Electronic Wallet）？

6. 請簡介「WebATM」的功能。

7. 請簡述電子現金。

8. 請簡介「信用卡 3D」驗證機制。

9. 請說明 SET 與 SSL 的最大差異在何處？

10.請問近場通訊（Near Field Communication,NFC）的功用為何？試簡述
之。

11. 何謂行動支付（Mobile Payment）？

5 玩轉社群商務的獨創關鍵心法

- ⊙ 社群網路的異想世界
- ⊙ 認識社群商務
- ⊙ 專題討論 -SOMOLO 模式

時至今日，我們的生活已經離不開網路，網路構建了一個無邊無際的虛擬大世界，在網路及通訊科技迅速進展的情勢下，網路正是改變一切的重要推手，而與網路最形影不離的就是「社群」（Community）。

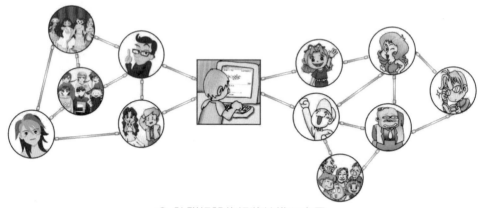

◎ 社群網路的網狀結構示意圖

「社群」最簡單的定義，各位可以看成是一種由節點（node）與邊（edge）所組成的圖形結構（graph），其中節點所代表的是人，至於邊所代表的是人與人之間的各種相互連結的關係，新的使用者成員會產生更多的新連結，節點間相連結的邊的定義具有彈性，甚至於允許節點間具有多重關係。整個社群的生態系統就是一個高度複雜的圖表，它交織出許多錯綜複雜的連結，整個社群所帶來的價值就是每個連結創造出個別價值的總和，進而形成連接全世界的社群網路。

5-1 ▶ 社群網路的異想世界

　　社群的觀念可從早期的 BBS、論壇，一直到部落格、Plurk（噗浪）、Twitter（推特）、Pinterest、Instagram、微博或者 Facebook，主導了整個網路世界中人跟人的對話，網路傳遞的主控權已快速移轉到網友手上，社群成為 21 世紀的主流媒體，從資料蒐集到消費，人們透過這些社群作為全新的溝通方式。例如臉書（Facebook）的出現令民眾生活形態有了不少改變，在 2019 年底時全球每日活躍用戶人數也成長至 25 億人，這已經從根本撼動我們現有的生活模式了。

◎ 美國總統川普經常在推特上發文表達政見

5-1-1 六度分隔理論

　　「社群網路服務」（SNS）就是 Web 體系下的一個技術應用架構，基於哈佛大學心理學教授米爾格藍（Stanely Milgram）所提出的「六度分隔理論」（Six Degrees of Separation）來運作。這個理論主要是說在人際網路中，平均而言只需在社群網路中走六步即可到達，簡單來說，即使位於地球另一端的你，想要結識任何一位陌生的朋友，中間最多只要通過六個朋友就可以。從內涵上講，就是社會型網路社區，即社群關係的網路化。通常 SNS 網站都會提供許多方式讓使用者進行互動，包括聊天、寄信、影音、分享檔案、參加討論群組等等。

美國影星威爾史密斯曾演過一部電影6度分隔，劇情是描述威爾史密斯為了想要實踐六度分隔理論而去偷了朋友的電話簿，並進行冒充的舉動。簡單來說，這個世界事實上是緊密相連著，只是人們平常察覺不出來，地球就像6人小世界，假如你想認識美國總統歐巴馬，只要找到對的人在6個人之間就能得到連結。隨著全球行動化與資訊的普及，我們可以預測這個數字還會不斷下降，根據最近 Facebook 與米蘭大學所做的一個研究，六度分隔理論已經走入歷史，現在是「四度分隔理論」了。

◎ 大陸碰碰明星網社群網站

5-1-2　當紅社群平台簡介

隨著社群網路的使用度不斷提高，社群網路平台一直如何依據讓訊息和人之間的關係更加貼近的最大準則，在台灣由學生的奇蹟，所創造的 BBS 堪稱是最早的網路社群模式，然後從即時通訊、部落格，演進到 Facebook、Instagram、微博、LINE 等模式。

TIPS　BBS（Bulletin Board System）就是所謂的電子佈告欄，主要是提供一個資訊公告交流的空間，它的功能包括發表意見、線上交談、收發電子郵件等等，早期以大專院校的校園 BBS 最為風行。BBS 具有下列幾項優點，包括完全免費、資訊傳播迅速、完全以鍵盤操作、匿名性、資訊公開等，因此到現在仍然在各大校園相當受到歡迎。

現在社群媒體影響力無遠弗屆，橫跨政治、經濟、娛樂與社會文化等層面，從企業到政府與個人，社群在今日已經是各行各業中人們溝通與工作合作的關鍵滿足人們即時互動、分享資訊、並獲得被肯定的滿足感，在每個品牌或店家都擁有數個社群行銷平台的狀況下，如何針對不同平台的特性做出差異化行銷是贏家關鍵。接下來我們要跟各位介紹目前國內外最當紅的幾個網路社群平台。

- **批踢踢（PTT）**：中文名批踢踢實業坊，以電子佈告欄（BBS）系統架設，以學術性質為原始目的，提供線上言論空間，是一個知名度很高的電子佈告欄類平台的網路論壇，批踢踢有相當豐富且龐大的資源，包括流行用語、名人、板面、時事，新聞等資源。PTT 維持中立、不商業化、不政治化。目前由台灣大學電子佈告欄系統研究社維護運作，大部份的代碼目前由就讀或已畢業於資訊工程學系的學生進行維護，目前在批踢踢實業坊與批踢踢兔註冊總人數超過 150 萬人以上，逐漸成為台灣最大的網路討論空間。

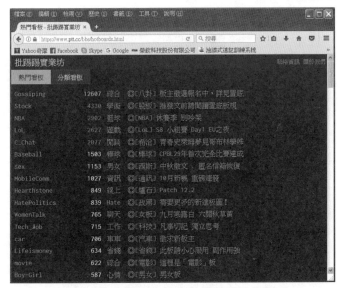

◎ 成為台灣本土最大的網路討論空間

- **臉書（FaceBook）**：提到「社群網站」，許多人首先會聯想到社群網站的代表品牌 Facebook，創辦人馬克‧祖克柏（Mark Elliot Zuckerberg）開發出 Facebook，Facebook 也是集客式行銷的大幫手，簡稱為 FB，中文被稱為臉書，是目前最熱門且擁有最多會員人數的社群網站，也是目前眾多社群網站之中，最為廣泛地連結每個人日常生活圈朋友和家庭成員的社群，對店家來說也是連接普羅大眾最普遍的管道之一。

◎ 臉書在全球擁有超過 25 億以上的使用者

■ **Instagram**：從行動生活發跡的 Instagram（IG），就和時下的年輕消費者一樣，具有活潑、多變、有趣的特色，尤其是 15-30 歲的受眾群體。根據天下雜誌調查，Instagram 在台灣 24 歲以下的年輕用戶占 46.1%，許多年輕人幾乎每天一睜開眼就先上 Instagram，關注朋友們的最新動態，不但可以利用手機將拍攝下來的相片，透過濾鏡效果處理後變成美美的藝術相片，還可以加入心情文字，隨意塗鴉讓相片更有趣生動，然後直接分享到 Facebook、Twitter、Flickr 等社群網站。

◎ Instagram 用戶陶醉於獨特優異的視覺效果

- **微博（Weibo）**：「微博客」或「微型博客」是一種允許用戶即時更新簡短文字，並可以公開發布的微型部落格，是全球最熱門與最多華人使用的微網誌，微博也是一個適合品牌曝光、適合品牌得到認知、適合品牌成長的平台。「微博」允許任何人閱讀，或者由用戶自己選擇的群組閱讀，企業開展微博行銷必須把更多的注意力放在用戶的心理和與粉絲互動的訊息上，這些訊息可以透過簡訊、即時訊息軟體、電子郵件、網頁、或是行動應用程式來傳送，並且能夠發布文字、圖片或視訊影音，隨時和粉絲分享最新資訊，企業要在微博上取得用戶好感，就要褪去商業化冰冷的思維，用友善、溫馨與用心來和他們相處。

◎ 微博是目前中國最火紅的社群網站

- **推特（Twitter）**：Twitter 是一個社群網站，也是一種重要的社交媒體行銷手段，有助於品牌迅速樹立形象，2006 年 Twitter 開始風行全世界許多國家，是全球十大網路瀏覽量之一的網站，使用 Twitter，可以增加品牌的知名度和影響力，並且深入到更廣大的潛在族群。Twitter 在台灣比較不流行，盛行於歐美國家，比較 Twitter 與臉書，可以看出用戶的主要族群不同，能夠打動人心的貼文特色也不盡相同。有鑒於 Twitter 的即時性，能夠在 Twitter 上即時且準確地回覆顧客訊息，也可能因此提升品牌的形象和評價，整體來說，要獲得新客戶的話可以利用 Twitter，強化與原有客戶的交流則是臉書與 Instagram 較為適合。

◉ Twitter 官方網站：https://twitter.com/

各位要利用 Twitter 吸引用戶目光，重點就在於題材的趣味性以及話題性。由於照片和影片越來越受歡迎，為提供用戶多樣化的使用經驗，Twitter 的資訊流現在能分享照片及影片，有許多品牌都以 Twitter 作為主要的社群網絡，但成功的關鍵在於品牌的特性必須符合 Twitter 的使用者特性。

> **TIPS** 微網誌，即微部落格的簡稱，是一個基於使用者關係的訊息分享、傳播以及取得平台。微網誌從幾年前於美國誕生的 Twitter（推特）開始盛行，相對於部落格需要長篇大論來陳述事實，微網誌強調快速即時、字數限定在一百多字以內，簡短的一句話也能引發網友熱烈討論。

- **YouTube**：根據 Yohoo! 的最新調查顯示，平均每月有 **84%** 的網友瀏覽線上影音、**70%** 的網友表示期待看到專業製作的線上影音。YouTube 是目前設立在美國的一個全世界最大線上影音社群網站，也是繼 Google 之後第二大的搜尋引擎，更是影音搜尋引擎的霸主，任何人都可以在 YouTube 網站上觀看影片，只要有 Google 帳號者則可以上傳影片或留言。上傳的影片內容包括電視短片、音樂 MV、預告片、也有自製的業餘短片，全球每日瀏覽影片的總量就將近 50 億，利用 YouTube 觀看影片儼然成為現代人生活中不可或缺的重心。

◎ YouTube 目前已成為全球最大的影音網站

5-2 認識社群商務

隨著電子商務的快速發展與崛起，也興起了社群商務的模式。「社群商務」（Social Media Business）的定義就是透過各種社群媒體網站溝通與理解消費者的商業方式，社群行為中最受到歡迎的功能，包括照片分享、位置服務即時線上傳訊、影片上傳下載等功能變得更能方便使用，然後再藉由社群媒體廣泛的擴散效果，透過朋友間的串連、分享、社團、粉絲頁的高速傳遞，使品牌與行銷資訊有機會觸及更多的顧客。

◎ 小米機成功運用社群贏取大量粉絲

社群商務真的有那麼大威力嗎？根據最新的統計報告，有 2/3 美國消費者購買新產品時會先參考社群上的評論，且有 1/2 以上受訪者會因為社群媒體上的推薦而嘗試全新品牌。你可能無法想像，大陸熱銷的小米機幾乎完全靠口碑與社群行銷來擄獲大量消費者而成功，讓所有人都跌破眼鏡。小米的爆發性成長並非源於卓越的技術創新能力，而是在於革新網路社群商務模式，透過培養忠於小米品牌的粉絲族群進行口碑式傳播，在線上討論與線下組織活動，分享交流使用小米的心得，大陸的小米手機剛推出就賣了數千萬台，更在近期於大陸市場將各大廠商擠下銷售榜。企業要做好社群商務，首先就必須了解社群商務的四種重要特性。

TIPS 由於社群網站的崛起、推薦分享力量的日益擴大，所謂「粉絲經濟」就算一種新的網路經濟形態，泛指架構在粉絲（Fans）和被關注者關係之上的經營性創新行為，品牌和粉絲就像戀人一對戀人樣，在這個時代做好粉絲經營，要知道粉絲到社群是來分享心情，而不是來看廣告，現在的消費者早已厭倦了老舊的強力推銷手法，唯有仔細傾聽彼此需求，關係才能走得長遠。

5-2-1 分享性

在社群商務的層面上，有些是天條，不能違背，例如「分享與互動」，溝通絕對是社群經營品牌的必要成本，要能與消費者引發「品牌對話」的效果，例如粉絲團或社團經營，最重要的都是活躍度。社群並不是一個可以直接販賣銷售的工具，有些品牌覺得設了一個 Facebook 粉絲頁面，三不五時到 FB 貼文，就可以趁機打開知名度，讓品牌能見度大增，這種想法是大錯特錯。

許多人成為你的粉絲，不代表他們就一定想要被你推銷。經營社群網路需要時間與耐心經營，講究的就是互動與分享，分享更是社群商務銷的終極武器，例如在社群中分享客戶的真實小故事，或連結到官網及品牌社群網站等，絕對會比廠商付費的推銷文更容易吸引人，粉絲到社群是來分享心情，而不是來看廣告，現在的消費者早已厭倦了老舊的強力推銷手法，商業性質太濃反而容易造成反效果，如果粉絲頁內容一直要推銷賣東西，消費者便不會再追蹤這個粉絲頁。

◎ 陳韻如小姐靠著分享瘦身經驗帶入大量的粉絲

5-2-2　多元性

　　各位想要把社群上的粉絲都變成客人嗎？掌握社群平台特性也是個關鍵，社群媒體已經對傳統媒體產生了替代效應，Facebook、Instagram、LINE、Twitter、SnapChat、Youtube 等各大社群媒體，早已經離不開大家的生活，社群的魅力在於它能自己滾動，由於每個人的喜好不同，清楚自己該製作和分享什麼內容在社群上，因此社群行銷之前必須找到消費者愛用的社群平台進行溝通。

由於用戶組成十分多元，觸及受眾也不盡相同，每個社群網站都有其所屬的主要客群跟使用偏好，當各位經營社群媒體前，最好清楚掌握各種社群平台的特性。「粉絲多不見得好，選對平台才有效！」

市面上那麼多不同的社群平台，首先要避免都想分一杯羹的迷思，要找到品牌真正需要的平台，成功關鍵就在於是否有清晰明確的定位，社群商務因應品牌的屬性、目標客群、產品及服務，應該根據社群媒體不同的特性，訂定不同行銷策略，千萬不要將 FB 內容原封不動轉分享 IG，除了讓人搞不清該看 FB 還是 IG，也會導致定位不明確的奇怪感覺。

◎ SnapChat 目前相當受到歐美年輕人喜愛的社群平台

例如 WeChat（微信）及 LINE 在亞洲世界非常熱門，而且各自有特色，而 Pinterest、Twitter、Snapchat 及 Instagram 則在西方世界愈來愈紅火。特別是 Twitter 由於有限制發文字數，不過有效、即時、講重點的特性在歐美各國十分流行。

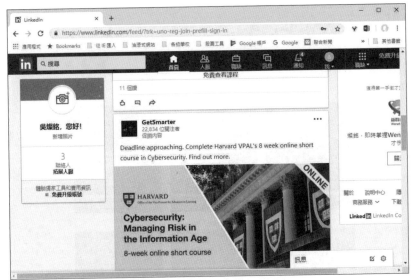

● LinkedIn 是全球最大專業人士社交網站

　　如果各位想要經營好年輕族群，Instagram 就是在全球這波「圖像比文字更有力」的趨勢中，崛起最快的社群分享平台，至於 Pinterest 則有豐富的飲食、時尚、美容的最新訊息。LinkedIn 是目前全球最大的專業社群網站，大多是以較年長，而且有求職需求的客群居多，有許多產業趨勢及專業文章如果是針對企業用戶，那麼 LinkedIn 就會有事半功倍的效果，反而對一般的品牌宣傳不會有太大效果。如果是針對個人的消費者，推薦使用 Instagram 或 Facebook 都很適合，特別是 Facebook 能夠廣泛地連結到每個人生活圈的朋友跟家人。

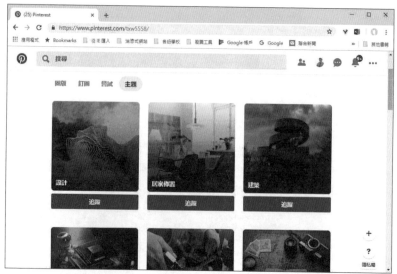

◎ Pinterest 在社群商務導購上成效都十分亮眼

5-2-3　連結性

　　我們知道社群商務成功的關鍵字不在「社群」，而在於「連結」，只是連結型式和平台不斷在轉換，而且能讓相同愛好的人可以快速分享訊息。社群商務的難處在於如何促使粉絲停留，好處卻是忠誠度所帶來的「轉換率」，要做社群行銷，就要牢記不怕有人批評你，只怕沒人討論的社群鐵律是永遠不變。店家光是會找話題，還不足以引起粉絲的注意，贏取粉絲信任是一個長遠的過程，不斷創造話題和粉絲產生連結再連結，讓粉絲常常停下來看你的訊息，透過貼文的按讚和評論數量，來了解每個連結的價值。

因為社群而產生的粉絲經濟，是與「人」相關的經濟，「熟悉衍生喜歡與信任」是廣受採用的心理學原理，進而提升粉絲黏著度，強化品牌知名度與創造品牌價值。

◎ 蘭芝懂得利用不同社群來培養網路小資女的黏著度

由於所有行銷的本質都是「連結」，對於不同受眾來說，需要以不同平台進行推廣，因此社群平台間的互相連結能讓消費者討論熱度和延續的時間更長，理所當然成為推廣品牌最具影響力的管道之一。

5-2-4 傳染性

社群商務本身就是一種內容行銷，過程是創造分享的口碑價值的活動，我們知道消費者在購物之前常常會先上網作功課，而且有約莫 50% 的人，會聽信陌生部落客的推薦而下購買決策。許多人做社群行銷，經常只顧著眼前的業績目標，想要一步登天式的成果，然而經營社群網路需要時間與耐心經營，目標是想辦法激發粉絲初次使用產品的興趣。

社群網路具有獨特的傳染性功能，由於網路大幅加快了訊息傳遞的速度，也拉大了傳遞的範圍，那是一種累進式的行銷過程，講究的是互動與對話，也就是利用社群信任感的行銷手法。身處社群經濟時代，因為行動科技的進展，受眾的溝通形式不斷改變，社群行銷本身就是一種內容行銷，不能光只依靠社群連結的力量，更要用力從內容下手，例如消費者往往更喜歡看到圖像或影片，善用「影音」素材，不只容易吸睛，行銷效果更能事半功倍。

◉ 統一陽光豆漿結合歌手以 MV 影片行銷產品

商業高手都知道要建立產品信任度是多麼困難的一件事，首先要推廣的產品最好需要某種程度的知名度，接著把產品訊息置入互動的內容，透過網路的無遠弗介以及社群的口碑效應，口耳相傳之間，病毒立即擴散傳染，被病毒式轉貼的內容，透過現有顧客吸引新顧客，利用口碑、邀請、推薦和分享，在短時間內提高曝光率，引發社群的迴響與互動，大量把網友變成購買者，造成了現有顧客吸引未來新顧客的傳染效應。

5-3 ▶ 專題討論 -SOMOLO 模式

公車上、人行道、辦公室，處處可見埋頭滑手機的低頭族，隨著愈來愈多網路社群提供了行動版的行動社群，透過手機使用社群的人口正在快速成長，形成行動社群網路（mobile social network），是一個消費者習慣改變的結果，資訊也具備快速擴散及傳輸便利特性。身處行動社群網路時代，有許多店家與品牌在 SoLoMo（Social、Location、Mobile） 模式中趁勢而起，所謂 SoLoMo 模式是由 KPCB 合夥人約翰、杜爾（John Doerr）在 2011 年提出的一個趨勢概念，強調「在地化的行動社群活動」，主要是因為行動裝置的普及和無線技術的發展，讓 Social（社交）、Local（在地）、Mobile（行動）三者合一能更為緊密結合，顧客會同時受到社群（Social）、行動裝置（Mobile）、以及本地商店資訊（Local）的影響，稱為 SoMoLo 消費者，代表行動時代消費者會有以下三種現象：

◉ TT 面膜的行動社群行銷非常成功

- **社群化（Social）**：在社群網站上互相分享內容已經是家常便飯，很容易可以仰賴社群中其他人對於產品的分享、討論與推薦。

- **行動化（Mobile）**：民眾透過手機、平板電腦等裝置隨時隨地查詢產品或直接下單購買。

- **本地化（Local）**：透過即時定位找到最新最熱門的消費場所與店家的訊息，並向本地店家購買服務或產品。

SoMoLo 模式將行銷傳播社群化、地點化、行動化，也就是隨時隨地都在使用手機行動上網，並且尋找在地最新資訊的現代人生活形態，也已經成為一種日常生活中不可或缺的趨勢。今日的消費者利用行動裝置，隨時隨地獲取最新消息，讓商家更即時貼近目標顧客與族群，產生隨時隨地的互動與溝通。例如各位想找一家性價比高的餐廳用餐，透過行動裝置上網與社群分享的連結，然而藉由適地性找到附近的口碑不錯的用餐地點，都是 SoLoMo 最常見的生活應用。

1. 請簡介「社群」的定義。

2. 何謂社群網路服務（Social Networking Service, SNS）？

3. 試簡介「六度分隔理論」（Six Degrees of Separation）。

4. 請問如何增加粉絲對品牌的黏著性？

5. 請簡介 Instagram。

6. 請問行動社群商務有哪四種重要特性？

7. 請簡述 SoLoMo 模式。

8. 何謂粉絲經濟？

MEMO

6 買氣紅不讓的 網路行銷實戰秘笈

- ⊙ 認識網路行銷
- ⊙ 網路消費者研究 -AIDASS 模式
- ⊙ 網路 STP 策略規劃 - 我的客戶在哪？
- ⊙ 網路行銷的 4P 組合
- ⊙ 專題討論 - 搜尋引擎最佳化（SEO）

　　這是一個人人都需要行銷的網路年代，現代人的生活受到行銷活動的影響既深且遠，行銷的英文是 Marketing，簡單來說，就是「開拓市場的行動與策略」，行銷策略就是在有限的企業資源下，盡量分配資源於各種行銷活動，基本的定義就是將商品、服務等相關訊息傳達給消費者，而達到交易目的的一種方法或策略。

◎ 行銷活動已經和現代人日常生活行影不離

　　我們可以這樣形容：「在企業中任何支出都是成本，唯有行銷是可以直接幫你帶來獲利」，市場行銷的真正價值在於為企業帶來短期或長期的收入和利潤的能力。隨著電子商務在全球市場得到高度認同，企業可以較低的成本，開拓更廣闊的市場，由於網路行銷和電子商務是相輔相成的一體兩面，特別是目前電商產業廣泛採用網路行銷的趨勢，已經進入一個高速發展的階段。

6-1 ▶ 認識網路行銷

　　彼得・杜拉克（Peter Drucker）曾經提出：「行銷（marketing）的目的是要使銷售（sales）成為多餘，行銷活動是要造成顧客處於準備購買的狀態。」以往傳統的商品的行銷策略中，大都是採取一般媒體廣告的方式來進行，例如報紙、傳單、看板、廣播、電視等媒體來進行商品宣傳，傳統行銷方法的範圍通常會有地域上的限制，而且所耗用的人力與物力的成本也相當高。

◎ 產品發表會是早期傳統行銷的主要模式

　　不過當傳統媒體的廣告都呈現衰退的時，網路新媒體卻不斷在蓬勃成長，現在則可透過網路的數位性整合，讓行銷的標的變得更為生動與即時，並且可以全年無休，全天後 24 小時的提供商品資訊與行銷服務。

◎ 吸睛的網路廣告，讓消費者增加不少購物動機

6-1-1　網路行銷的定義

隨著網路行銷的優勢得到高度認同，企業可以利用較低的成本，開拓更廣闊的市場，如今已備受各大產業青睞。「網路行銷」（Internet Marketing），或稱為「數位行銷」（Digital Marketing），本質上其實和傳統行銷一樣，最終目的都是為了影響目標消費者（Target Audience,TA），主要差別在於溝通工具不同，現在則可透過電腦與網路通訊科技的數位性整合，使文字、聲音、影像與圖片可以整合在一起，讓行銷的標的變得更為生動與即時。

「網路行銷」（Online marketing）的定義就是藉由行銷人員將創意、商品及服務等構想，利用通訊科技、廣告促銷、公關及活動方式在網路上執行。簡單的說，就是指透過電腦及網路設備來連接網際網路，並且在網際網路上從事商品促銷、議價、推廣及服務等活動，進而達成企業行銷的最後目標。對於行銷人來說，任何可能的行銷溝通管道都有必要去好好認識，特別是傳統媒體與網路媒體的大融合，絕對是品牌與行銷人員不可忽視的熱門模式。

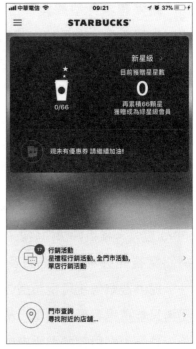

◎ 星巴克相當擅長網路與實體店面整合的行銷推廣

6-1-2　網路新媒體簡介

在資訊爆炸的年代，媒體的角色更加重要，人們對新聞和資訊的需求永遠不會消失，傳統媒體要面對的問題，不僅是網路新科技的出現，更是閱聽大眾本質的改變，他們已經從過去的被動接收逐漸轉變成主動傳播，這種轉變對於傳統媒體來說既是危機，也是新的轉機。新媒體時代的來臨，傳統或現有主流媒體的資訊生產模式已漸漸式微，大家早已厭倦了重覆強迫式的單向傳播方式，現在觀看傳統電視、閱讀報紙的人數正急速下滑，閱聽者加速腳步投入新媒體的懷抱，傳統媒體的影響力和廣告收入，正被新媒體全面取代與侵蝕。

新媒體本身型態與平台一直快速轉變，在網路如此發達的數位時代，很難想像沒有手機，沒有上網的生活如何打發，過去的媒體通路各自獨立，未來的新媒體通路必定互相交錯。傳統媒體必須嘗試滿足現代消費者隨時隨地都能閱聽的習慣，尤其是行動用戶增長強勁，各種新的應用和服務不斷出現，經營方向必須將手機、平板、電腦等各種裝置都視為是新興通路，節目內容也要跨越各種裝置與平台的界線，真正讓媒體的影響力延伸到每一個角落。

例如網路電視（Internet Protocol Television, IPTV）就是一種目前快速發展的新媒體模式，網路電視充分利用網路的及時性以及互動性，提供觀眾傳統電視頻道外的選擇，觀眾不再只能透過客廳中的電視機來收看節目，越來越多人利用智慧型手機或行動裝置看影音節目，只要有足夠的網路頻寬，網路電視提供用戶在任何時間、任何地點可以任意選擇節目的功能，因為在網路時代，終端設備可以是電腦、電視、智慧型手機、資訊家電等各種多元化平台。

◎ 愛奇藝出品的延禧攻略已經下載超過 180 億次

6-1-3　網路品牌行銷

如果談到現代行銷的最後目的，我們可以這樣形容：「行銷是手段，品牌才是目的！」。「品牌」（Brand）就是一種識別標誌，也是一種企業價值理念與商品質優異的核心體現，甚至品牌已經成長為現代企業的寶貴資產，品牌建立的目的即是讓消費者無意識地將特定的產品意識或需求與品牌連結在一起。

時至今日，品牌或商品透過網路行銷儼然已經成為一股顯學，近年來已經成為一個熱詞進入越來越多商家與專業行銷人的視野品牌（Brand）就是一種識別標誌，也是一種企業價值理念與商品優異的核心體現，品牌建立的目的即是讓消費者無意識地將特定的產品意識或需求與品牌連結在一起。

◉ 蝦皮購物為東南亞及台灣最大的行動購物平台

在產品與行銷的層面上，有些是天條，不能違背，例如「互動」的效果，與顧客溝通與交流絕對是經營品牌的必要成本，最重要的是要能與消費者引發「品牌對話」的效果。過去企業對品牌常以銷售導向做行銷，忽略顧客對品牌的定位認知跟了解，其實做品牌就必須先想到消費者的獨特需求是什麼，而不能只想自己會生產什麼。

◎ 獨具特色的客製化商品在網路上大受歡迎

在現今消費者如此善變的時代，顧客對你的第一印象取決於你們品牌行銷的成效，而且品牌滿足感往往驅動消費者下一次回購的意願，例如最近相當紅火的蝦皮購物平台在進行網路行銷的終極策略就是「品牌大於導購」，有別於一般購物社群把目標放在導流上，他們堅信將品牌建立在顧客的生活中，建立在大眾心目中的好印象才是現在的首要目標。

6-2 網路消費者研究 -AIDASS 模式

網路的迅速發展改變了科技改變企業與顧客的互動方式，創造出不同的服務成果，通常一般傳統消費者之購物決策過程，是由廠商將資訊傳達給消費者，並經過一連串決策心理的活動，然後付諸行動，我們知道傳統消費者行為的 AIDA 模式，主要是期望能讓消費者滿足購買的需求，所謂 AIDA 模式說明如下：

◎ Gap 透過網路消費者研究，成功抓住年輕人的服飾穿搭口味

- **注意（Attention）**：網站上的內容、設計與活動廣告是否能引起消費者注意。

- **興趣（Interest）**：產品訊息是不是能引起消費者興趣，包括產品所擁有的品牌、形象、信譽。

- **渴望（Desire）**：讓消費者看產生購買慾望，因為消費者的情緒會去影響其購買行為。

- **行動（Action）**：使消費者產立刻採取行動的作法與過程。

全球網際網路的商業活動，尚在持續成長階段，同時也促成消費者購買行為的大幅度改變，根據各大國外機構的統計，網路消費者以 30-49 歲男性為領先，教育程度則以大學以上為主，充分顯示出高學歷與相關專業人才及學生，多半為網路購物之主要顧客群。

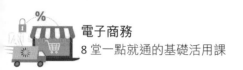

相較於傳統消費者來說，隨著購買頻率的增加，消費者會逐漸累積購物經驗，而這些購物經驗會影響其往後的購物決策，網路消費者的模式就多了兩個 S，也就是 AIDASS 模式，代表搜尋（Search）產品資訊與分享（Share）產品資訊的意思。

各位平時有沒有一種體驗，當心中浮現出購買某種商品的慾望，你對商品不熟，通常會不自覺打開 Google、臉書、IG 或搜尋各式網路平台，搜尋網友對購買過這項商品的使用心得或相關經驗，或專注在「特價優惠」的網路交易，購物者通常都會投入很多時間在這個產品搜尋的過程，尤其是年輕的購物者都有行動裝置，很容易用來尋找最優惠的價格，所以搜尋（Search）是網路消費者的一個重要特性。

◎ 搜尋與分享是網路消費者的最重要特性

此外，喜歡「分享」（Share）也是網路消費者的另一種特性之一，網路最大的特色就是打破了空間與時間的藩籬，與傳統媒體最大的不同在於「互動性」，由於大家都喜歡在網路上分享與交流，分享（Share）是行銷的終極武器，除了能迅速傳達到消費族群，也可以透過消費族群分享到更多的目標族群裡。

6-2-1 長尾效應

因為網路無遠弗屆，國與國之間的經濟邊界已經不存在，全球化競爭更加白熱化，線上交易模式打破傳統的金錢交易方式，所以範圍不再只是特定的地區，反而是遍及全球，藉由公司跨入網際網路的領域，小型公司也具有與大公司相互競爭的機會。網路行銷幫助了原本只有當地市場規模的企業擴大到國際市場，藉由多國語言網站的建置，可以讓潛在顧客與供應商等合作夥伴快速連結，直接進行全年無休的全球化行銷體驗。

全球化帶來前所未有的商機，克裡斯•安德森（Chris Anderson）於2004 年首先提出「長尾效應」（The Long Tail）的現象，也顛覆了傳統以暢銷品為主流的觀念。長尾效應其實是全球化所帶動的新現象，只要通路夠大，非主流需求量小的商品總銷量也能夠和主流需求量大的商品銷量抗衡。

由於實體商店都受到 80/20 法則理論的影響，多數店家都將主要資源投入在 20% 的熱門商品（big hits），不過全球產業都有電子商務化的趨勢，因為能夠接觸到更大的市場與更多的消費者。過去一向不被重視，在統計圖上像尾巴一樣的小眾商品，因為全球化市場的來臨，即眾多小市場匯聚成可與主流大市場相匹敵的市場能量，可能就會成為具備意想不到的大商機，足可與最暢銷的熱賣品匹敵。

◉ 全家超商成功利用長尾效應讓業績成長

> **TIPS**　20-80 定律的意義是表示對於一個企業而言，贏得一個新客戶所要花費的成本，幾乎就是維持一個舊客戶的五倍，留得愈久的顧客，帶來愈多的利益。小部分的優質顧客提供企業大部分的利潤，也就是 80% 的銷售額或利潤往往來自於 20% 的顧客。

6-2-2　精準的可測量性

隨著消費者對網路依賴程度愈來愈高，網路媒體可以稱得上是目前所有媒體中滲透率最高的新媒體，網路行銷不但能幫助無數電商網站創造訂單與收入，而且網路行銷常被認為是較精準行銷，主要是所有媒體中極少數具有「可測量」特性的數位媒體，可具體測量廣告的成效。因為精確的測量就是任何成功行銷工具的基礎，這個「可測量性」的特性

讓網路行銷與眾不同，不管哪種行銷模式，當行銷活動結束後，店家一定會做成效檢視，如何將網路流量帶來的顧客產生實質交易，做為未來修正行銷策略的依據。

◉ Google Analytics（GA）就是一套免費且功能強大的跨平台網路行銷流量分析工具

　　在網路世界中客戶對購物的體驗旅程是不斷改變，成功網路行銷一定需要可靠的數據來追蹤行銷成果，選擇正確的測量指標，重視從接觸到完成銷售的整個過程，不僅能幫店家精準找出目標族群，還能有效評估網路行銷和線下銷售的連結，由於網路數據的可偵測性，使網路行銷成為市場競爭的利器，可以發揮傳統行銷所無法發展的境界。

6-3 ▶ 網路 STP 策略規劃 – 我的客戶在哪？

　　企業所面臨的市場就是一個不斷變化的環境，現在消費者也變得越來越精明，首先我們要了解並非所有消費者都是你的目標客戶，企業必須從目標市場需求和市場行銷環境的特點出發，特別應該要聚焦在目標族群，透過環境分析階段了解所處的市場位置，再透過網路行銷規劃確認自我競爭優勢與精準找到目標客戶。網路行銷規劃與傳統行銷規劃大致相同，所不同的是網路上行銷規劃程序更重視顧客角度。

◉ 可口可樂的網路行銷規劃相當成功

　　美國行銷學家溫德爾・史密斯（Wended Smith）在 1956 年提出的 S-T-P 的概念，STP 理論中的 S、T、P 分別是市場區隔（Segmentation）、目標市場目標（Targeting）和市場定位（Positioning）。在企業準備開始擬定任何行銷策略時，必須先進行 STP 策略規劃，因為不是所有顧客都是你的買家，特別是在行動網路時代，主戰場在小螢幕上，主要透過行動行銷規劃確認自我競爭優勢與精準找到目標客戶，然後定位目標市場，找到合適的客戶。STP 的精神在於選擇確定目標消費者或客戶，通常不論是開始行動行銷規劃或是商品開發，第一步的思考都可以從 STP 策略規劃著手。

6-3-1 市場區隔

　　隨著市場競爭的日益激烈，產品、價格、行銷手段愈發趨於同質化，企業應該要懂得區隔別其他競爭者的市場，將消費者依照不同的需求與特徵，把某一產品的市場劃分為若干消費群的市場分類過程。「市場區隔」（Market Segmentation）是指任何企業都無法滿足所有市場的需求，應該著手建立產品差異化，行銷人員根據現有市場的觀察進行判斷，在經過分析潛在的機會後，接著便在該市場中選擇最有利可圖的區隔市場，並且集中企業資源與火力，強攻下該市場區隔的目標市場。

◎ 東京著衣主攻營大眾化時尚平價流行市場

　　這個道理就是想辦法吸引某些特定族群上門，絕對比歡迎所有人更能為企業帶來利潤。例如東京著衣創下了網路世界的傳奇，更以平均每二十秒就能賣出一件衣服，獲得網拍服飾業中排名第一，就是因為打出了成功的市場區隔策略。東京著衣的市場區隔策略主要是以台灣與大陸的年輕女性所追求大眾化時尚流行的平價衣物為主。

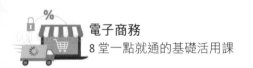
產品行銷的初心在於不是所有消費者都有能力去追逐名牌，許多人希望能夠低廉的價格買到物超所值的服飾，東京著衣讓大家用平價實惠的價格買到喜歡的商品，並以不同單品搭配出風格多變的造型，更進一步採用「大量行銷」來滿足大多數女性顧客的需求，更可以依據不同區域的消費屬性，透過顧客關係管理系統（CRM）的分析來設定，達到與消費者間最良好的互動溝通。

TIPS　「顧客關係管理」（Customer Relationship Management, CRM）是由 Brian Spengler 在 1999 年提出，最早開始發展顧客關係管理的國家是美國。CRM 的定義是指企業運用完整的資源，以客戶為中心的目標，讓企業具備更完善的客戶交流能力，透過所有管道與顧客互動，並提供適當的服務給顧客。

6-3-2　市場目標

隨著網路時代的到來，比對手更準確地對準市場目標，是所有行銷人員所面臨最大的挑戰，「市場目標」（Market Targeting）是指完成了市場區隔後，我們就可以依照企業的區隔來進行目標選擇，把適合的目標市場當成你的最主要的戰場，將目標族群進行更深入的描述。面對網路數位浪潮的來勢洶洶，現在對於行銷者來說，最重要的是聚焦目標消費者群體，創造對需求快速發展的行動用戶端競爭優勢，設定那些最可能族群，就其規模大小、成長、獲利、未來發展性等構面加以評估，並考量公司企業的資源條件與既定目標來投入。

◉ 漢堡王成功與麥當勞的市場做出市場目標區隔

　　例如漢堡王僅僅以分店的數量相比，差距讓麥當勞遙遙領先，因此漢堡王針對麥當勞的弱點是對於成人市場的行銷與產品策略不夠，而打出麥當勞是青少年的漢堡，主攻成人與年輕族群的市場，配合大量的網路行銷策略，喊出成人就應該吃漢堡王的策略，以此區分出與麥當勞全然不同的目標市場，而帶來業績的大幅成長。

6-3-3　市場定位

　　「市場定位」（Positioning）是檢視公司商品能提供之價值，向目標市場的潛在顧客訂定商品的價值與價格位階。市場定位是 STP 的最後一個步驟，也就是針對作好的市場區隔及目標選擇，根據潛在顧客的意識層面，為企業立下一個明確不可動搖的層次與品牌印象，創造產品、品

牌或是企業在主要目標客群心中與眾不同、鮮明獨特的印象。各位會發現做好市場定位的店家，採取的每一個行銷行動都將成與他們的市場定位策略結合，由於企業主與品牌商未來透過行動媒體接觸到消費者，消費者可能直接在智慧型裝置上就完成消費動作，行銷人員可以透過定位策略，讓企業的商品與眾不同，並有效地與可能消費者進行溝通，當然市場定位最關鍵的步驟是跟產品的訂價有直接相關。

例如 85 度 C 的市場定位是主打高品質與平價消費的優質享受服務，將咖啡與烘焙結合，甚至聘請五星級主廚來研發製作蛋糕西點，以更便宜的創新產品進攻低階平價市場。因為許多社會新鮮人沒辦法消費星巴克這種走高價位的咖啡店，85 度 C 就主打平價的奢華享受，咖啡只要 35 塊就可以享用，大規模拓展原本不喝咖啡的年輕消費族群喜歡來店消費，這也是 85 度 C 成立不到幾年，已經成為台灣飲品與烘焙業的最大連鎖店。

◎ 85 度 C 全球的市場定位相當成功

6-4 ▶ 網路行銷的 4P 組合

在行銷的世界裡,現代人每天的食衣住行育樂都受到行銷活動的影響,行銷人員在推動行銷活動時,最常提起的就是行銷組合,所謂行銷組合,各位可以看成是一種協助企業建立各市場系統化架構的元件,藉著這些元件來影響市場上的顧客動向。美國行銷學學者麥卡錫教授(Jerome McCarthy)在 20 世紀的 60 年代提出了著名的 4P「行銷組合」(Marketing mix),所謂行銷組合的 4P 理論是指行銷活動的四大單元,包括產品(Product)、價格(Price)、通路(Place)與促銷(Promotion)等四項,也就是選擇產品、訂定價格、考慮通路與進行促銷等四種。

4P 行銷組合是近代市場行銷理論最具劃時代意義的理論基礎,屬於站在產品供應端(supply side)的思考方向,奠定了行銷基礎理論的框架,為企業思考行銷活動提供了四種容易記憶的分類方式。通常這四者要互相搭配,才能提高行銷活動的最佳效果:

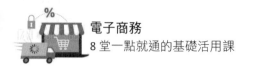

隨著網際網路與電子商務的興起，在網路行銷時代，基本上就是一個創新而且競爭激烈的市場，4P理論是傳統行銷學的核心，對於情況複雜的網路行銷觀點而言，4P理論的作用就相對要弱化許多。因此我們必須重新來定義與詮釋網路的新4P組合。

6-4-1　產品 (Product)

產品（Product）是指市場上任何可供購買、使用或消費以滿足顧客欲望或需求的東西，隨著市場擴增及消費行為的改變，產品策略主要研究新產品開發與改良，包括了產品組合、功能、包裝、風格、品質、附加服務等。如果沒有好的產品，再好的行銷策略也不見得會湊效。產品的選擇更關係了一家企業生存的命脈，一個成功的企業必須不斷地了解顧客對產品的需求，當廠商面對產品市場銷貨量逐步下滑時，另一方面就必須開發新產品。

在過去的年代，一個產品只要本身賣相夠好，東西自然就會大賣，然而在現代競爭激烈的網路全球市場中，往往提供相似產品的公司絕對不只一家，顧客可選擇對象增多了。二十一世紀初期手機大廠諾基亞以快速的創新產品設計及提供完整的手機功能，一度曾經在手機界獨領風騷，成為全世界消費者趨之若鶩的手機，不過隨著行動世代的快速來臨，因為錯失智慧型手機產品的生產而瀕臨崩壞。反觀國內手機大廠宏達電，由於新產品策略的成功而帶來公司業績的大幅成長。在網路行銷的世界裡，訪客可能永遠不會給你第二次機會去認識你的產品，通常網路上最適合的行銷產品是流通性高與低消費風險的產品，如熟悉的日用品、3C消費性電子產品等，不過也可以利用產品組合，讓顧客有更多選擇，並增加其他產品的曝光率。

◎ 宏達電對於新產品的研發不遺餘力

6-4-2　價格 (Price)

　　企業可以根據不同的市場定位，配合制定彈性的價格策略，市場結構與效率都會影響定價策略，包括了定價方法、價格調整、折扣及運費等，再看看競爭者推出類似產品的價格水準，價格往往是決定企業的銷售量與營業額的最關鍵因素之一，也是唯一不花錢的行銷因素。

◎ 麥當勞經常不定期降價行動來吸引消費者

　　顧客就像水一樣，水總會往低處流，我們都知道消費者對高品質、低價格商品的追求是永恆不變的。選擇低價政策可能帶來「薄利多銷」的榮景，卻不容易建立品牌形象，高價策略則容易造成市場上叫好不叫座的障礙。由於網路購物能降低中間商成本，並進行動態定價，價格決策須與產品設計、配銷、促銷決策必互相協調。傳統的定價方式是將消費者因素排斥到定價體系之外，沒有充分考慮消費者利益和承受能力。

　　在過去的年代，一個產品只要本身賣相夠好，東西自然就會大賣，然而在現代競爭激烈的網路全球市場中，「貨比三家不吃虧」總是王道，消費者在購物之前或多或少都會到幾個自己常去的網站比價。因為網路上提供相似產品的公司絕對不只一家，消費者可選擇對象增多了，因此價格決定了商品在網路上競爭的實力。產品的價格絕對不是一成不變的，隨著競爭者的加入及顧客需求的改變，價格必須予以調整，才能訂出具有競爭力且能被顧客接受的合理價格。

◎ Trivago 提供保證最低價格的全球訂房服務

　　消費者對於所要購買的產品，在心目中必有一個合理的價格，必須以消費者需求為基準點來提供產品價格，而不是一廂情願訂出價格。由於網路購物能降低中間商成本，並進行動態定價，價格決策必須與產品設計、配銷、促銷決策等因素互相協調。例如運費的高低也是顧客考量價格的關鍵之一，低運費不僅能吸引顧客買更多，也能改善消費體驗，並且吸引顧客回流。

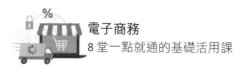

6-4-3 通路（Place）

通路是由介於廠商與顧客間的行銷中介單位所構成，通路運作的任務就是在適當的時間，把適當的產品送到適當的地點。企業與消費者的聯繫是透過通路商來進行，由於通路運作是面對顧客的第一線，通路對銷售而言是很重要的一環，是由介於廠商與顧客間的行銷中介單位所構成，隨著愈來愈競爭的市場，迫使廠商越來越重視通路的改善，掌握通路就等於控制了產品流通的咽喉，1978 年統一企業集資成立統一超商，將整齊、明亮的 7-ELEVEN 便利商店引進台灣，掀起台灣零售通路的革命。

◎ 7-ELEVEN 便利商店擁有台灣最大的實體零售通路

通路的選擇與開拓相當重要，掌握通路就等於控制了產品流通的管道。這幾年來，許多以網路起家的品牌，靠著對網購通路的了解和特殊的行銷手法，成功搶去相當比例的傳統通路的市場。由於網路通路的運作相當複雜且多元，讓原本的遊戲規則起了變化，行銷人員必須審慎評估，究竟要採取何種通路型態才能順利銷售產品，不論實體或虛擬店面，只要是撮合生產者與消費者交易的地方，都屬於通路的範疇，也是許多品牌最後接觸消費者的行銷戰場。

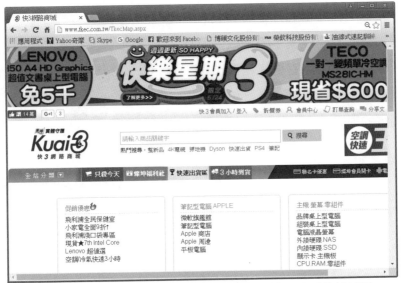

◎ 燦坤 3C 也成立了燦坤快 3 網路商城，強調 8 小時快速到貨

6-4-4　促銷（Promotion）

促銷或者稱為推廣，就是將產品訊息傳播給目標市場的活動，透過促銷活動試圖讓消費者購買產品，以短期的行為來促成消費的增長。每當經濟成長趨緩，消費者購買力減退，這時促銷工作就顯得特別重要，產品在不同的市場周期時要採用什麼樣的行銷活動與消費者溝通，如何利用促銷手腕來感動消費者，配合廣告及公開宣傳來拓展市場，讓消費者真正受益，實在是行銷活動中最為關鍵的課題。

◎ 全聯福利中心經常舉辦促銷活動來刺激買氣

網路行銷的最大功能其實就是企業和顧客間能直接溝通對話，由於削弱了原有了批發商、經銷商等中間環節的作用，終端消費者會因此得到更多的實惠。促銷無疑是銷售行為中最直接吸引顧客上門的方式，在網路上企業可以以較低的成本，開拓更廣闊的市場，加上網路媒體互動能力強，最好搭配不同工具進行完整的促銷策略運用，並讓促銷的效益擴展成行動力，精確地引導網友採取實際消費行動。

◎ 易遊網經常舉辦許多實惠的低價促銷活動刺激買氣

6-5 專題討論 - 搜尋引擎最佳化（SEO）

　　網站流量一直是網路行銷中相當重視的指標之一，而其中一種能夠相當有效增加流量的方法就是「搜尋引擎最佳化」（Search Engine Optimization, SEO），搜尋引擎最佳化（SEO）也稱作搜尋引擎優化，是近年來相當熱門的網路行銷方式，就是一種讓網站在搜尋引擎中取得 SERP 排名優先方式，終極目標就是要讓網站的 SERP 排名能夠到達第一。

TIPS　SERP（Search Engine Results Pag, SERP）是使用關鍵字，經搜尋引擎根據內部網頁資料庫查詢後，所呈現給使用者的自然搜尋結果的清單頁面，SERP 的排名是越前面越好。

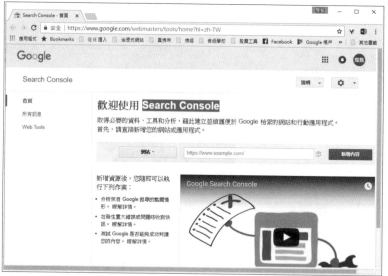

◎ Search Console 能幫網頁檢查是否符合 Google 搜尋引擎的演算法

　　對於網路行銷來說，**SEO** 就是透過利用搜索引擎的搜索規則與演算法來提高網站在 **SERP** 的排名順序，隨著搜尋引擎的演算法不斷改變，**SEO** 操作也必須因應調整，掌握 **SEO** 優化，說穿了就是運用一系列方法讓搜尋引擎更了解你的網站內容，這些方法包括常用關鍵字、網站頁面內（on-page）優化、頁面外（off-page）優化、相關連結優化、圖片優化、網站結構等。**SEO** 的核心價值就意識就是讓使用者上網的體驗最優化，進而提升網站的訪客人數，可以合法增加網站流量和與自然點閱率（**CTR**），甚至於提升轉換率增加訪客參與。

> **TIPS** 點閱率（Click Though Rate,CTR），或稱為點擊率，是指在廣告曝光的期間內有多少人看到廣告後決定按下的人數百分比，也就是廣告獲得的點擊次數除以曝光次數的點閱百分比，可作為一種衡量網頁熱門程度的指標。

例如當各位在 Yahoo、Google 等搜尋引擎中輸入關鍵字後，由於大多數消費者只會注意搜尋引擎最前面幾個（2~3 頁）搜尋結果，經過 SEO 的網頁可以在搜尋引擎中獲得較佳的名次，曝光度也就越大，被網友點選的機率必然大增，進而可能取得高流量與增加銷售的機會。對消費者而言，SEO 是搜尋引擎的自然搜尋結果，而非一般廣告，通常點閱率與信任度也比關鍵字廣告來的高。

◎ SEO 優化後的搜尋排名

1. 網路行銷的定義為何？

2. 請簡述行銷的內容。

3. 何謂行銷組合（Marketing mix）？

4. 試簡述 STP 理論。

5. 什麼是智慧電視（Smart TV）？

6. 請說明長尾效應（The Long Tail）。

7. 試簡述行銷組合的 4P 理論。

8. SERP（Search Engine Results Pag,SERP）是什麼？

7 電商網站與品牌 App 的集客設計心法

- ⊙ 電商網站製作流程
- ⊙ 電商業者該懂得 UI/UX
- ⊙ 開發爆紅 App 的私房課
- ⊙ 電商網站成效評估
- ⊙ 專題討論 - 響應式網頁設計

　　電子商務是一種涵蓋十分廣泛的商業交易，許多商家或個人都能透過網路的便利性提供一個新的經營模式來行銷或賺錢，透過網站服務在地化，等於直接將店面開在你家，隨著電子交易方式機制的進步，24小時購物已經是一件輕鬆平常的消費方式。對企業面而言，越來越多的網路競爭下，網頁與App設計與推廣也更為重要，琳瑯滿目的網站提供了購物、學習、新聞等應有盡有的功能。

◉ 網站設計是網路集客與吸睛的第一要務

　　企業或品牌如何開發出符合消費者習慣的介面與系統機制，成為設計電商網站與品牌App能否廣受歡迎的一大課題，一個好的網站不只是局限於動人的內容、網站設計方式、編排和載入速度、廣告版面和表達形態都是影響訪客抉擇的關鍵因素。雖然現在的網站與App設計都是強調專業分工，可是如果團隊中的每一位成員，都能具有製作與規劃的基本知識，對於團隊的合作效率絕對有加分的作用。

7-1 電商網站製作流程

電子商務網站架設需求，近年來成為網頁設計市場的主流，在進行電商網站企劃前，首先要對網站建置目的、目標顧客、製作流程、網頁技術及資源需求要有初步認識，同時也要考量到頁面佈局及配色的美觀性，讓每位瀏覽的顧客都能對參觀的網站印象深刻。

網站也必須看成是整體行銷商品的一環，要怎麼讓網站具有高點閱率，就是在設計之前的重點，特別是要清楚品牌要銷售的目標族群，網站規劃的目標是讓網站透過網際網路提供產品或服務之資訊期望，能讓消費者滿足購買的需求。接下來我們將會對電商網站製作與規劃作完整說明，並且告訴各位網站建置完成後的績效評估的依據。下圖即為網站設計的主要流程結構及其細部內容：

規劃時期
- 設定網站的主題及客戶族群
- 多國語言的頁面規劃
- 繪製網站架構圖
- 瀏覽動線設計
- 設定網站的頁面風格
- 規劃預算
- 工作分配及繪製時間表
- 網站資料收集

設計時期
- 網頁元件繪製
- 頁面設計及除錯修正

上傳時期
- 架設伺服器主機或是申請網站空間
- 網站內容宣傳

維護更新時期
- 網站內容更新及維護

7-1-1　規劃時期

　　規劃時期是網站建置的先前作業，不論是個人或公司網站，都少不了這個步驟。其實網站設計就好比專案製作一樣，必須經過事先的詳細規劃及討論，然後才能藉由團隊合作的力量，將網站成果呈現出來。

✳ 設定網站的主題及客戶族群

　　「網站主題」是指網站的內容及主題訴求，以公司網站為例，具有線上購物機制或僅提供產品資料查詢就是二種不同的主題訴求。

■ 具有線上購物機制的商品網站

http://www.momoshop.com.tw/main/Main.jsp

■ 僅提供商品資料查品的網站

http://www.acer.com.tw/

「客戶族群」可以解釋為會進入網站內瀏覽的主要對象,這就好像商品販賣的市場調查一樣,一個愈接近主客戶群的產品,其市場的接受度也愈高。如下圖所示,同樣的主題,針對一般大眾或是兒童,所設計的效果就要有所不同。

■ 高雄市稅捐稽徵處的兒童網站

http://www.kctax.gov.tw/kid/index.htm

■ 高雄市稅捐稽徵處的中文網站

http://www.kctax.gov.tw/tw/index.aspx

其實網站也算是商品的一種，雖然我們不可能為了建置一個網站而進行市場調查，但是若能在網站建立之前，先針對「網站主題」及「客戶族群」多與客戶及團隊成員討論，以取得一個大家都可以接受的共識，必定可以讓這個網站更加的成功，同時，也不會因為網站內容不合乎客戶的需求，而導致人力、物力及財力的浪費。

多國語言的頁面規劃

在國際化趨勢之下，網站中同時具有多國語言的網頁畫面也是一種設計的主流，如果有設計多國語言頁面的需求時也必須要在規劃時期提出，因為產品資料的翻譯、影像檔案的設計都會額外再需要一些時間及費用，先做好詳細規劃才不容易發生問題。如果有提供多國語言的設計，通常都會在首頁放置選擇語言的連結，以方便瀏覽者做選擇。

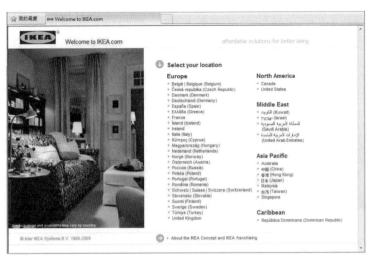

http://www.ikea.com/

✳ 繪製網站架構圖

網站架構圖是如圖中的組織結構,也可稱為是網站中資料的分類方式,我們可以根據「網站主題」及「客戶族群」來設計出網站中需要那些頁面來放置資料。

除了應用於網站設計以外，網站架構圖同時也是導覽頁面中連結按鈕設計的依據，當各位進入到網站之後，就是根據頁面上的連結按鈕來找尋資料頁面，所以一個分類及結構性不完備的網站架構圖，不僅會影響設計過程，也連帶會影響到使用者瀏覽時的便利性。

http://www.kcg.gov.tw/

❋ 瀏覽動線設計

瀏覽動線就像是車站或機場中畫在地上的一些彩色線條，這些線條會導引各位到想要去的地方而不會送失方向。不過網頁上的連結就沒有這些線條來導引瀏覽者，此時連結按鈕的設計就顯得非常重。

1. 只有垂直連結順序

   此種連結順序是將所有的導覽功能放置於首頁畫面，使用者必須回到首頁之後，才能繼續瀏覽其他頁面，優點是設計容易，缺點則是在瀏覽上較為麻煩，圖中的箭號就是代表瀏覽者可以連結的方向順序。

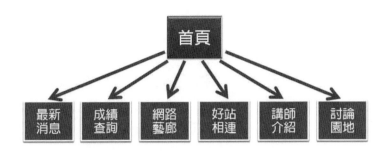

2. 水平與垂直連結順序

同時具有水平及垂直連結順序的導覽動線設計擁有瀏覽容易的優點，缺點是設計上較為繁雜。

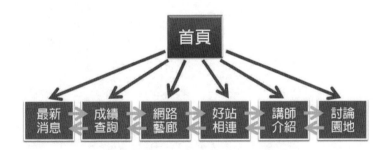

不管各位想要採用何種設計都一定要經過詳細的討論與規劃，而且除了瀏覽動線的規劃外，在每頁中都放置可直接回到首頁的連結，或是另外獨立設計一個網站目錄頁面，都是不錯的好方法。

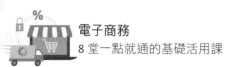

❋ 設定網站的頁面風格

頁面風格就是網頁畫面的美術效果，這裡可再細分為「首頁」及「各個主題頁面」的畫面風格，其中「首頁」屬於網站的門面，所以一定要針對「網站主題」及「客戶族群」二大需求進行設計，同時也相當強調美術風格。至於「各個主題頁面」因為是放置網站中的各項資料，所以只要風格和「首頁」保持一致，畫面不需要太花俏。

■ 首頁

http://www.icoke.hk/

■ 各主題頁面

另外各個頁面中的連結文字或圖片數量則是依據「瀏覽動線」的設計來決定。在此建議各位先在紙上繪製相關草圖，再由客戶及團隊成員共同決定。

❀ 規劃預算

　　預算費用是網站設計中最不易掌控及最現實的部份，不論是架設伺服器或是申請網站空間，還是影像圖庫與請專人設計程式、動畫及資料庫等等，都是一些必須支出的費用。不論如何，各位都要將可能支出的費用及明細詳列出來，以便進行預算費用的掌控。

❀ 工作分配及繪製時間表

　　專業分工是目前市場的主流，在設計團隊中每個人依據自己的專長來分配網站開發的各項工作，除了可以讓網站內容更加精緻外，更可以大幅度的縮減開發時間。

❀ 網站資料收集

　　以建構一個購物網站為例，商品照片、文字介紹、公司資料及公司Logo 等，都是必須要店家提供。各位可以根據網站架構中各個頁面所要放置的資料內容，來列出一份詳細資料清單，然後請客戶提供，此時可以請團隊中的領導者隨時和客戶保持連絡，作為成員與客戶之間溝通的橋樑。

http://www.nokia.com.tw/find-products/products

7-1-2　網站設計

　　網站設計時期已經進入到網站實作的部份，這裡最重要的是後面的整合及除錯，如何讓客戶滿意整個網站作品，都會在這個時期決定。除了內容主題的文字之外，同時也要考量到頁面佈局及配色的美觀性，店家都應該透過觀察訪客在網路商店上的活動路線，調整版面設計以方便顧客的瀏覽體驗，讓付款過程更加順暢，每位瀏覽者都能對設計的網站印象深刻。

　　各位在逛百貨公司時經常會發現對於手扶梯設置、櫃位擺設、還有讓顧客逛店的動線都是特別精心設計，就像網站給人的第一印象非常重要，尤其是「首頁」（Home Page）與「到達頁」（Landing Page），通常店家都會用盡心思來設計和編排，首頁的畫面效果若是精緻細膩，瀏覽者就有更有意願進去了解。以商品網站來看，不外乎是商品類型、特價

活動與商品介紹等幾大項，我們可以將特價活動放置在頁面的最上方，以吸引消費者目光，也能在最上方擺放商品類型的導覽按鈕，以利消費者搜尋商品之用。例如導覽列按鈕有位在頁面上端，也有置於左方的布局，另外，許多的網站由於規劃的內容越來越繁複，所以導覽按鈕擺放的位置，可能左側和上方都同時存在，請看以下範例參考：

TIPS 網路上每則廣告都需要指定最終到達的網頁，到達頁（Landing Page）就是使用者按下廣告後到直接到達的網頁，到達頁和首頁最大的不同，就是到達頁只有一個頁面就要完成讓訪客馬上吸睛的任務，通常這個頁面是以誘人的文案請求訪客完成購買或登記。

✳ 將導覽列按鈕置於上方的頁面佈局

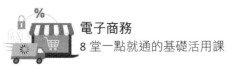
※ 將導覽列按鈕置於左側的頁面佈局

　　做網站設計的時候，色彩也是一個非常重要的設計要點，色彩也是以「專業」特質為配色效果來看，要隨著不同的頁面佈局，而適當的針對配色效果中的某個顏色來加以修正，看看怎樣的顏色搭配，才能呈現網站風格特性，下面就是一些配色的網站範例：

※ 冷色系給人專業 / 穩重 / 清涼的感覺

❋ 暖色系帶給人較為溫馨的感覺

❋ 顏色對比強烈的配色會帶給人較有活力的感覺

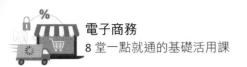
7-1-3 網站上傳

網站完成後總要有一個窩來讓使用者可以進入瀏覽，網站上傳工作就單純許多，這裡只是將整個網站內容，放置到伺服器主機或是網站空間上。成本及主機功能是這個時期要考量的因素，如何讓成本支出在容許的範圍內，又可以使得網站中的所有功能能夠順利使用，就是這個時期的重點。

目前使用的方式有「自行架設伺服器」、「虛擬主機」及「申請網站空間」等三種方式可以選擇，如果以功能性而言，自行架設伺服器主機當然是最佳方案，但是建置所花費的成本就是一筆不小的開銷。如果以一般公司行號而言，初期採用「虛擬主機」是一個不錯的選擇，而且可以視網站的需求，選用主機的功能等級與費用，將自行架設伺服器主機當作公司中長期的方案，其中的差異請看如附表中的說明。

> **TIPS** 「虛擬主機」（Virtual Hosting）是網路業者將一台伺服器分割模擬成為很多台的「虛擬」主機，讓很多個客戶共同分享使用，平均分攤成本，也就是請網路業者代管網站的意思，對使用者來說，就可以省去架設及管理主機的麻煩。網站業者會提供給每個客戶一個網址、帳號及密碼，讓使用者把網頁檔案透過 FTP 軟體傳送到虛擬主機上，如此世界各地的網友只要連上網址，就可以看到網站了。

項目	架設伺服器	虛擬主機	申請網站空間
建置成本	最高 （包含主機設備、軟體費用、線路頻寬和管理人員等多項成本）	中等 （只需負擔資料維護及更新的相關成本）	最低 （只需負擔資料維護及更新的相關成本）

項目	架設伺服器	虛擬主機	申請網站空間
獨立 IP 及網址	可以	可以	附屬網址 （可申請轉址服務）
頻寬速度	最高	視申請的虛擬主機等級而定	最慢
資料管理的方便性	最方便	中等	中等
網站的功能性	最完備	視申請的虛擬主機等級而定，等級越高的功能性越強，但費用也越高	最少
網站空間	沒有限制	也是視申請的虛擬主機等級而定	最少
使用線上刷卡機制	可以	可以	無
適用客戶	公司	公司	個人

如下所示的網站，就有提供付費的虛擬主機服務的網站。

http://www.nss.com.tw/index.php

http://hosting.url.com.tw/

7-1-4 維護及更新

電商網站的交易與行銷過程大都是利用數位化方式，所產生的資料也都儲存在後端系統中，因此後端系統維護管理相當重要。對網站運行狀況進行監控，發現運行問題及時解決，並將網站運行的相關情況進行統計，後端系統必需提供相關的資訊管理功能，如客戶管理、報表管理、資料備份與還原等，才能確保電子商務運作的正常。

網路上誰的產品行銷能見度高、消費者容易買得到，市佔率自然就高，定期對網站做內容維護及資料更新，是維持網站競爭力的不二法門。我們可以定期或是在特定節日時，改變頁面的風格樣式，這樣可以維繫網站帶給瀏覽者的新鮮感。而資料更新就是要隨時注意的部份，避免商品在市面上已流通了一段時間，但網站上的資料卻還是舊資料的狀況發生。網站內容的擴充也是更新的重點之一，網站建立初期，其內容

及種類都會較為單純。但是時間一久，慢慢就會需要增加內容，讓整個網站資料更加的完備，關於這方面，建議各位多去參考其他同類型的網站，才能真正的讓網站長長久久。

7-2 ▶ 電商業者該懂得 UI/UX

電商網站設計趨勢通常可以反映當時的設計技術與時尚潮流，由於視覺是人們感受事物的主要方式，近來在電商網站的設計領域，如何設計出讓用戶能簡單上手與高效操作的用戶介面為重點，也短短數年光陰，因為行動裝置的普及，讓 APP 數量如雨後春筍般的蓬勃發展，因此近來對於電商網站與 App 設計有關 UI/UX 話題重視的討論大幅提升，畢竟網頁的 UI/UX 設計與動線規劃結果，扮演著能否留下用戶舉足輕重的角色，這也是顧客吸睛的主要核心依據。

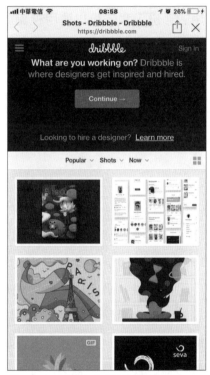

◎ Dribble 網站有許多最新潮的 UI/UX 設計樣品

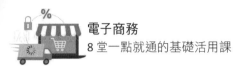
7-2-1　UI/UX 設計技巧

　　UI（User Interface, 使用者介面）
是屬於一種虛擬與現實互換資訊的橋
樑，也就是使用者和電腦之間輸入和輸
出的規劃安排，網站與 App 設計應該
由 UI 驅動，因為 UI 才是人們真正會使
用的部份，我們可以運用視覺風格讓介
面看起來更加清爽美觀，因為流暢的動
效設計可以提升 UI 操作過程中的舒適
體驗，減少用戶因為等待造成的煩躁
感。

◎ UI Movement 網站專門收錄不同
風格的 APP 頁面設計

　　除了維持網站上視覺元素的一致外，設計者盡可能著重在具體的功
能和頁面的設計，同時在網站與 App 開發流程中，UX（User Experience,
使用者體驗）研究所佔的角色也越來越重要，UX 的範圍則不僅關注介面
設計，更包括所有會影響使用體驗的所有細節，包括視覺風格、程式效
能、正常運作、動線操作、互動設計、色彩、圖形、心理等。真正的 UX
是建構在使用者的需求之上，是使用者操作過程當中的感覺，主要考量
點是「產品用起來的感覺」，目標是要定義出互動模型、操作流程和詳細
UI 規格。

全世界公認的 UX 設計大師蘋果賈伯斯有一句名言：「我討厭笨蛋，但我做的產品連笨蛋都會用。」一語道出了 UX 設計的精髓。通常不同產業、不同商品用戶的需求可能全然不同，就算商品本身再好，如果用戶與店家互動的過程中，有些環節造成用戶不好的體驗，例如 App 介面內容的載入，一直都是令開發者頭痛的議題，如何讓載入過程更加愉悅，絕對是努力的方向，因為也會影響到用戶對店家的觀感及購買動機。

談到 UI/UX 設計規範的考量，也一定要以使用者為中心，例如視覺風格的時尚感就能增加使用者的黏著度，近年來特別受到扁平化設計風格的影響，極簡的設計本身並不是設計的真正目的，因為乾淨明亮的介面往往更吸引用戶，讓使用者的注意力可以集中在介面的核心訊息上，在主題中使用更少的顏色變成了一個流行趨勢，而且講究儘量不打擾使用者，這樣可以使設計變得清晰和簡潔，請注意！千萬不要過度設計，打造簡單而更加富於功能性的 UI 才是終極的目標。

設計師在設計網站或 App 的 UI 時，必須以「人」作為設計中心，傳遞任何行銷訊息最重要的就是讓人「一看就懂」，所以儘可能將資訊整理得簡潔易懂，不用讀文字也能看圖操作，同時能夠掌握網站服務的全貌。尤其是智慧型手機，在狹小的範圍裡要使用多種功能，設計時就得更加小心，例如放棄使用分界線就是為了帶來一個具有現代感的外觀，讓視覺體驗更加清晰，或者當文字的超連結設定過密時，常常讓使用者有「很難點選」的感覺，適時的加大文字連結的間距就可以較易點選到文字。

文字連結過
於密集，很
難點選

加大的間距
很容易點選
到目標物

特別是手機所能呈現的內容有限，想要將資訊較完整的呈現，那麼
折疊式的選單就是不錯的選擇。如下所示，在圖片上加工文字，可以讓
瀏覽者知道圖片裡還有更多資訊，可以一層層的進入到裡面的內容，而
非只是裝飾的圖片而已。（如左下圖所示）而主選單文字旁有三角形的按
鈕，也可以讓瀏覽者一一點選按鈕進入到下層。（如右下圖所示）

由此路徑可知
目前所在的階
層，也方便回
到最上層做其
他選擇

圖片上加入文
字標題和符
號，讓使用者
知道裡面還有
隱藏的內容

折疊式選單，
透過三角形的
方向，讓使用
者知道還有隱
藏的內容

7-3 ▶ 開發爆紅 App 的私房課

　　App 設計的發展已經超越了傳統網站設計，因為智慧型手機目前已經取代 PC 為主要上網媒體，給用戶帶來前所未有的體驗，企業想要製作專屬的 App 來推廣公司的產品也並不困難，所謂「戲法人人會變，各有巧妙不同」，要開發一款成功爆紅的 APP，關鍵在於是否提供用戶物超所值的體驗與跟消費需求，以下我們將說明 App 的開發設計過程中，幫助各位衝高下載量的四大基本設計技巧。

7-3-1　清楚明確的開發主題

　　主題將會是決定 App 是否暢銷的一個很大因素，App 就跟一般商品一樣，必須先決定一個方向，App 行銷的核心價值在於「人」，當然希望產品能滿足目標使用者的需求。在開發 App 前，請先想想到底是為誰開發？最後鎖定目標受眾，最後再決定一個你覺得最有可能成功的主題來製作與發想。簡單來說，就是要打造以目標為導向的 App。

◎ 成功的 APP 首先要有明確主題

沒有被找到的 App，就沒有價值，App 主題必須留意重點的表達和效果，在用戶使用 App 時，能在最短時間內搜尋到這款產品的用途和特性，特別是在擁有超過幾萬款 App 的網路商店中挑選實在讓人眼花撩亂，搜尋到想要的 App 並不是一件很容易的事，一個有明確主題的 App，一定會更容易被用戶搜尋。

7-3-2 迅速吸睛與容易操作

App 可以說是行動裝置與顧客接觸最重要的管道，尤其是在功能及使用上顯著和網站使用有所不同，不但必須充分理解行動裝置的限制與特性，讓他們更好操作。由於視覺及介面設計是讓用戶打開之後決定 App 去留的關鍵，要盡可能把握黃金 3 秒，成功吸引用戶的目光，特別是從原本的電腦網頁轉變成為 App 時，消費者的耐心也會更少了，各位不妨通過採用一些設計小技巧，減輕等待感所帶來的負面情緒。例如透過放大的字體和更加顯眼的色彩來凸顯，不然他們也不會想從 App Store 或 Google Play 中下載。

◉ 把握黃金 3 秒，成功吸引用戶的目光

開發 App 時，千萬不要妄想用複雜的介面為難用戶，直觀好上手原則絕對是王道。Yahoo 執行長 Marissa Mayer 提出「兩次點擊原則」（The Two Tap Rule），表示一旦你打開你的 App，如果要點擊兩次以上才能完成使用程序，就應該馬上重新設計。此外，下載到難用的 App，就像遇到恐怖情人一樣，如果用戶無法輕易使用你的 App，也絕對不會想長期使用，

根據統計，在用戶註冊後不到 3 天時間內，有約 7 成的用戶都選擇解除安裝。事實上，當用戶下載 App 後，才是與其真正關係的建立，還有複雜的登入流程也可能讓使用者想都不想就直接放棄。

7-3-3　簡約主義的設計風格

行動裝置的設計受到不同廠牌的差異而有所影響，不過手機螢幕的尺寸還是始終有限，因此在 APP 設計中，精簡是一貫的準則，現在 App 設計中使用簡約主義風格是主流，容易給人一種「更輕」的體驗，必須想方設法讓用戶的眼睛集中專注在有意義的訊息，因為簡約設計會讓人看起來寧靜清爽，也同時降低了使用者在該界面的導航成本，讓使用者能更舒適直覺地操作 App。

例如太多的色彩也會帶給用戶負面影響，所以盡量簡化配色方案，透過真實的背景圖片與簡短的文案互相搭配，也可以簡單而有整體感。從某種意義上說，怎麼從一個操作的小按鈕，到跳出的提醒視窗都能符合這些條件，保留簡單的核心元素才是成功吸引用戶的關鍵，而且要盡量以圖形代替文字，提升用戶體驗。

◎ 簡約主義風格是形式和功能的完美融合

7-3-4 Icon 門面設計很重要

自從智慧型手機火紅以來，在這麼多數以百萬 App 當中，通常最能夠在一瞬間，第一時間抓住使用者目光的是什麼？就是 Icon（圖標）。要讓用戶選擇下載的話，Icon（圖標）的辨識度和色彩感就變得極為重要了，身為 App 開發者的各位，怎能小看這看似簡單的 Icon 設計？

Icon 是 App 設計中非常重要元素，可以嘗試轉換成具有商家特色的小圖標，只需搭配簡易的 logo，這樣能讓用戶更加清晰的了解到該商家的特點，也可以很容易聯想到這支 App 的用途。一個有寓意的圖標或文字都可以成為介面的唯一重點，也是視覺傳達的主要手段之一，當然 Icon 和介面設計的統一性也相當重要。例如以下透過這些代表 App 的臉，用簡潔的一個 Icon 來表現，就能給人一種很舒適立體的感覺，會讓使用者在第一時間內有關聯性的想像，進而從 Icon 感受到該款 App 所要表達特定遊戲的氛圍。

◎ 好 的 Icon 是 一 套 受 歡 迎 App 的門面

7-4 ▶ 電商網站成效評估

在數位經濟時代，全球電子商務發展並不受景氣影響，電商網站的種類與技術不斷地推陳出新，使得電子商務走向更趨於多元化，不可諱言在日趨競爭的現在，電商網站想要獲取每個會員的成本日益增高，因此電商網站經營已經成為極具挑戰性的任務

由於不同性質網站所設定的目標不同，店家對於網站經營結果的評估，往往都是憑藉著自己的感覺來審視冰冷的數據，然而如果透過網站的客觀的數據，我們更能夠全面了解一家電商網站的成效，因為電商網站設計不只是一種創作，如何在過程中找出關鍵數據，也就是透過商業轉換與績效來做為最後檢驗的標準。以下是我們建議的四項電商網站成效的基本評估指標：

◎ 電商網站的四項成效評估指標

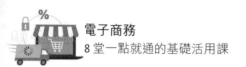
7-4-1　網站轉換率

電商網站首先就是看流量，誰有流量誰就是贏家，無論電商網站的模式如何變，關鍵永遠都是流量，來商店逛逛的人多了，成交的機會相對就較大。流量的成長代表網站最基本的人氣指標，這也是評估有關網站能見度（visibility）一個很重要的因素。由於網路數據具備可偵測性，我們可以透過網站流量（web site traffic）、點擊率（Clicks）、訪客數（Visitors）來判斷。點擊數則是一個沒有實際經濟價值的人氣指標，網站並無法藉由點擊數來賺錢，最多只能增加網站的流量數字。

「網站轉換率」，也就是「流量轉換率」（Conversion Rate），是各家電商網站十分重視的一個獲利指標，隨著近年來平均顧客轉換成訂單的比率也不斷下降，電商網站的轉換率往往依產業別而異，公式就是將訂單數 / 總訪客數，就可以算出平均多少訪客可以創造出一張訂單，轉換率如果越高，店家才能持續獲利與成長，越能達成期待的獲利目標，在相同流量的情況下，只需要提升轉換率，就可以提升整體收入。

◎ 透過 Alexa 可以查詢網站數據的綜合分析

7-4-2 網站獲利率

通常電商網站會因為定位跟策略不同,當然在獲利的來源上有著不同的差異性。任何電商網站的最大的價值都在於藉由新的網路交易平台,以增加企業的獲利績效,經營電商網站首重營業額,必須要像開實體店面一般,使用更精確的財務數字來評估經營績效,到底能夠帶進多少訂單或業績來判斷。

◎ Google Analytics 是網站數據分析人員必備工具

網路雖然可以讓產品在極短時間內爆紅,帶來大幅營收成長,但也意味著產品一登上網路,就必須面對數以千百計的競爭對手,因為價格競爭因素,而帶來毛利率下滑也是不爭的事實,進而影響獲利目標。畢竟對電商網站而言,總希望把錢花在刀口上,因此必須考量電商網站營運最重要的三個成本,包括平均流量獲取成本、平均會員獲取成本,平均訂單獲取成本,當然最實際的就是網站帶來訂單數的真正網站獲利率(亦即淨利與成本的比率)。

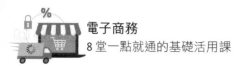
7-4-3　網站回客率

「得到流量並不代表一切！」現在的電商經營思維跟以往有很大不同，不少店家剛開始只在乎網路商店能不能為他帶來流量，但往往卻忽略了其他有價值的數據，除了流量之外，保留客戶絕對是各電網站商的第一目標，網站的「回客率」（Back-off rate）更是重要評估指標之一。正確的集客順序應該是先提升回客率，接著才是招攬新顧客，如何提高回客率是一家網路商店獲利與吸引回客率顧客成效的基礎。店家透過追蹤訪客的行為模式以及他們的背景資料，我們可以找出他們的共同特點，縮小顧客的搜尋範圍，進而導入外部客戶回流並提升新訪客的加入，讓網站不斷的有更多新會員成長壯大，增加網站的購買率。

◎ 東森購物網有很高的回客率

7-4-4　網站安全性

　　隨著數位化時代的來臨，使用電商網站已變成企業重要的獲利工具之一，每個網站或多或少都會有風險因素存在。近年網站使用之安全性屢遭挑戰、個人安全意識的提升，許多消費者在網路上進行瀏覽及交易，最注重視的就是網站是否安全，應該建立網友對網站的信任感與安全的交易環境，也是電商網站成效評估的重要指標之一，將會嚴重影響到他們在網站上進行消費的願意，網站安全漏洞的大量存在，和不斷發現新問題仍是網路安全的最大隱憂。

　　在安全性方面，評估網站主要的瀏覽動作是否採用 SSL 機制及網站安全漏洞的防護程度，例如使用者在網站上輸入帳號密碼及下訂單，如果有提供 SSL 安全機制，隱私資料就不容易被人竊聽與盜取。SET 機制較 SSL 更安全，可以讓使用者先儲存金額至電子錢包中，在網路上消費時再從電子錢包中扣款。一般網站安全漏洞的防護程度則包括架設防火牆（Firewall）、入侵偵測系統、防毒軟體及作業系統、網路伺服器、資料庫，資料外洩與資料損毀問題的危機處理。

7-5 ▶ 專題討論 - 響應式網頁設計

　　隨著行動交易方式機制的進步，全球行動裝置的數量將在短期內超過全球現有人口，在行動裝置興盛的情況下，24 小時隨時隨地購物似乎已經是一件輕鬆平常的消費方式，客戶可能會使用手機、平板等裝置來瀏覽你的網站，消費者上網習慣的改變也造成企業行動行銷的巨大變革，如何讓網站可以橫跨不同裝置與螢幕尺寸順利完美的呈現，就成了網頁設計師面對的一個大難題。

◎ 相同網站資訊在不同裝置必需顯示不同介面，以符合使用者需求

電商網站的設計當然會影響到行動行銷業務能否成功的關鍵，一個好的網站不只是局限於有動人的內容、網站設計方式、編排和載入速度、廣告版面和表達形態都是影響訪客抉擇的關鍵因素。因此如何針對行動裝置的「響應式網頁設計」（Responsive Web Design, RWD），或稱「自適應網頁設計」，讓網站提高行動上網的友善介面就顯得特別重要，因為當行動用戶進入你的網站時，必須能讓用戶順利瀏覽、增加停留時間，也方便的使用任何跨平台裝置瀏覽網頁。

響應式網站設計最早是由 A List Apart 的 Ethan Marcotte 所定義，因為 RWD 被公認為是能夠對行動裝置用戶提供最佳的視覺體驗，原理是使用 CSS3 以百分比的方式來進行網頁畫面的設計，在不同解析度下能自動去套用不同的 CSS 設定，透過不同大小的螢幕視窗來改變網頁排版的方式，讓不同裝置都能以最適合閱讀的網頁格式瀏覽同一網站，不用一直忙著縮小放大拖曳，給使用者最佳瀏覽畫面。

> **TIPS** CSS 的全名是 Cascading Style Sheets，一般稱為串聯式樣式表，其作用主要是為了加強網頁上的排版效果（圖層也是 CSS 的應用之一），可以用來定義 HTML 網頁上物件的大小、顏色、位置與間距，甚至是為文字、圖片加上陰影等等功能。

　　過去當我們使用手機瀏覽固定寬度（例如：960px）的網頁時，會看到整個網頁顯示在小小的螢幕上，想看清楚網頁上的文字必須不斷地用雙指在頁面滑動才能拉近（zoom in）順利閱讀，相當不方便。由於響應式設計的網頁只需要製作一個行動網頁版本，但是它能順應不同的螢幕尺寸重新安排網頁內容，完美的符合任何尺寸的螢幕，並且能看到適合該尺寸的文字，因此使用者不需要進行縮放，大大提昇畫面的可瀏覽性及使用介面的親和度。

◎ RWD 設計的電腦版與手機板都是使用同一個網頁

1. 請簡介網站製作流程。

2. 什麼是到達頁（Landing Page）？

3. 請問有哪些常見的架站方式？

4. 何謂「虛擬主機」（Virtual Hosting）？有哪些優缺點？請說明。

5. 電商網站有哪四項成效評估指標？

6. 請介紹 UI（使用者介面）/UX（使用者體驗）。

7. 請簡介響應式網頁設計（Responsive Web Design）。

8. 請列舉 App 的設計過程中，能夠衝高下載量的四大基本設計技巧。

9. 請簡介 Icon 與 App 開發的重要性？

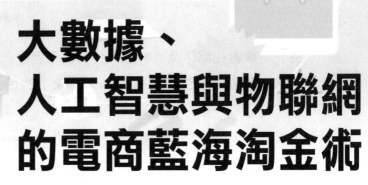

大數據、
人工智慧與物聯網
的電商藍海淘金術

8

- ▶ 認識大數據
- ▶ 人工智慧與電商應用
- ▶ 機器學習
- ▶ 深度學習與類神經網路
- ▶ 物聯網與電商應用
- ▶ 專題討論 - 大數據與電競遊戲

在電子商務蓬勃發展與大數據（Big Data）議題越來越火熱的時代背景下，自從 2010 年開始全球資料量已進入 ZB（zettabyte）時代，並且每年以 60%~70% 的速度向上攀升，例如全球用戶使用行動裝置的人口數已經開始超越桌機，一支智慧型手機的背後就代表著一份獨一無二的客戶數據！在過去的幾年間，電子商務與消費者間的障礙正一點一點的被排除，當消費者資訊接收行為轉變，銷售就不能一成不變！特別是大數據徹徹底底改變了電子商務的玩法。

⊙ Facebook 廣告背後包含了最新大數據技術

由於消費者在網路及社群上累積的使用者行為及口碑，都能夠被量化，生活上最顯著的應用莫過於 Facebook 上的個人化推薦和廣告推播了，為了記錄每一位好友的資料、動態消息、按讚、打卡、分享、狀態及新增圖片，必須藉助大數據的技術，接著 Facebook 才能分析每個人的喜好，再投放他感興趣的廣告或行銷訊息，讓交易更容易達成。

TIPS 為了讓各位實際了解大數據資料量到底有多大，我們整理了大數據資料單位如下表，提供給各位作為參考：

　　1 Terabyte=1000 Gigabytes=10009Kilobytes

　　1 Petabyte=1000 Terabytes=100012Kilobytes

　　1 Exabyte=1000 Petabytes=100015Kilobytes

　　1 Zettabyte=1000 Exabytes=100018 Kilobytes

8-1 ▷ 認識大數據

　　由於數據的來源有非常多的途徑，大數據的格式也將會越來越複雜，大數據解決了商業智慧無法處理的非結構化資料，優化了組織決策的過程。最早將數據應用延伸至實體場域最早是前世紀在 90 年代初，全球零售業的巨頭沃爾瑪（Walmart）超市就選擇把店內的尿布跟啤酒擺在一起，透過帳單分析，找出尿片與啤酒產品間的關聯性，尿布賣得好的店櫃位附近啤酒也意外賣得很好，進而調整櫃位擺設及推出啤酒和尿布共同銷售的促銷手段，成功帶動相關營收成長，開啟了數據資料分析的序幕。

> **TIPS** 非結構化資料（Unstructured Data）是指那些目標不明確，不能數量化或定型化的非固定性工作、讓人無從打理起的資料格式，例如社交網路的互動資料、網際網路上的文件、影音圖片、網路搜尋索引、Cookie 紀錄、醫學記錄等資料。

8-1-1 大數據的特性

　　大數據涵蓋的範圍太廣泛，每個人對大數據的定義又各自不同，在維基百科的定義，大數據是指無法使用一般常用軟體在可容忍時間內進行擷取、管理及處理的大量資料。我們可以這麼簡單解釋，大數據其實是巨大資料庫加上處理方法的一個總稱，是一套有助於企業組織大量蒐集、分析各種數據資料的解決方案，並包含以下三種基本特性：

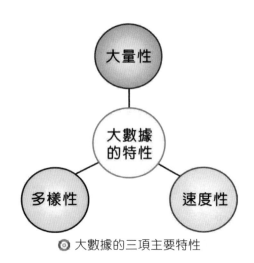

◎ 大數據的三項主要特性

- **大量性（Volume）**：現代社會每分每秒都正在生成龐大的數據量，堪稱是以過去的技術無法管理的巨大資料量，資料量的單位可從 TB（terabyte，一兆位元組）到 PB（petabyte，千兆位元組）。

- **速度性（Velocity）**：隨著使用者每秒都在產生大量的數據回饋，更新速度也非常快，資料的時效性也是另一個重要的課題，技術也能做到即時儲存與處理。我們可以這樣形容：大數據產業應用成功的關鍵在於速度，往往取得資料時，必須在最短時間內反映，立即做出反應修正，才能發揮資料的最大價值，否則將會錯失商機。

- **多樣性（Variety）**：大數據資料的來源包羅萬象，例如存於網頁的文字、影像、網站使用者動態與網路行為、客服中心的通話紀錄，資料來源多元及種類繁多。巨量資料課題真正困難的問題在於分析多樣化的資料，彼此間能進行交互分析與尋找關聯性，包括企業的銷售、庫存資料、網站的使用者動態、客服中心的通話紀錄；社交媒體上的文字影像等企業資料庫難以儲存的「非結構化資料」。

8-1-2 大數據與電商的應用

阿里巴巴創辦人馬雲在德國 CeBIT 開幕式上如此宣告:「未來的世界,將不再由石油驅動,而是由數據來驅動!」在國內外許多擁有大量顧客資料的企業,例如 Facebook、Google、Twitter、Yahoo 等科技龍頭企業,都紛紛感受到這股如海嘯般來襲的大數據浪潮。大數據應用相當廣泛,我們的生活中也有許多重要的事需要利用大數據來解決。就以醫療應用為例,能夠在幾分鐘內就可以解碼整個 DNA,並且讓我們製定出最新的治療方案,美國醫療機構與 IBM 推出 IBM Watson 醫生診斷輔助系統,會從大數據分析的角度,幫助醫生列出更多的病徵選項,大幅提升疾病診癒率。

◉ IBM Watson 利用大數據在醫療領域大放異彩

不僅如此,大數據更能與電商領域相結合,當作末端的精準廣告投放,因為在大數據的幫助下,消費者輪廓將變得更加全面和立體,包括使用行為、地理位置、商品傾向、消費習慣都能記錄分析,就可以更清楚地描繪出客戶樣貌,更可以協助擬定最源頭的行銷與推廣策略,進而更精準的找到潛在消費者。

例如美國最大的線上影音出租服務的網站 Netflix 長期對節目進行分析，透過對觀眾收看習慣的了解，對客戶的行動裝置行為做大數據分析，透過大數據分析的推薦引擎，不需要把影片內容先放出去後才知道觀眾喜好程度，結果證明使用者有 70% 以上的機率會選擇 Netflix 曾經推薦的影片，可以使 Netflix 節省不少行銷成本。

◎ Netflix 借助大數據技術成功
推薦給消費者喜歡的影片

全球連鎖咖啡星巴克在美國乃至全世界有數千個接觸點，早已將大數據應用到商業營運的各個環節，包括從新店選址、換季菜單、產品組合到提供限量特殊品項的依據，都可見到大數據的分析痕跡，例如推出手機 App 蒐集顧客的購買數據，運用長年累積的用戶數據瞭解消費者，甚至於透過會員的消費記錄星巴克完全清楚顧客的喜好、消費品項、地點等，就能省去輸入一長串的點單過程，加上配合貼心驚喜活動創造附加價值感，從中找到最有價值的潛在客戶，終極目標是希望每兩杯咖啡，就有一杯是來自熟客所購買，這項目標成功的背後靠的就是收集以會員為核心的行動大數據。

全球最大網路商城 Amazon 為了提供更優質的個人化購物體驗，對於消費者使用行為的追蹤更是不遺餘力，利用超過 20 億用戶的大數據，盡可能地追蹤消費者在網站以及 App 上的一切行為，藉著分析大數據推薦給消費者他們真正想要買的商品，用以確保對顧客做個人化的推薦、價格的優化與鎖定目標客群等。

◎ Amazon 應用大數據提供更優質購物體驗

如果各位有在 Amazon 購物的經驗，一開始就會看到一些沒來由的推薦名單，因為 Amazon 商城會根據客戶瀏覽的商品，從已建構的大數據庫中整理出曾經瀏覽該商品的所有人，然後會給這位新客戶一份建議清單，建議清單中會列出曾瀏覽這項商品的人也會同時瀏覽過哪些商品？由這份建議清單，新客戶可以快速作出購買的決定，讓他們與顧客之間的關係更加緊密，而這種大數據技術也確實為 Amazon 商城帶來更大量的商機與利潤。

8-2 ▶ 人工智慧與電商應用

現代產業要發揮資料價值，不能光談大數據，人工智慧（Artificial Intelligence, AI）之所以能快速發展所取得的大部分成就，都和大數據密切相關。大數據就像AI的養分，是絕對不該忽略，誰掌握了大數據，未來AI與電商應用的半邊天就手到擒來。

> **TIPS** 所謂資料科學（Data Science）實際上其涉獵的領域是多個截然不同的專業領域，可為企業組織解析大數據資料當中所蘊含的規律，就是研究從大量的結構性與非結構性資料中，透過資料科學分析其行為模式與關鍵影響因素，來發掘隱藏在大數據背後的無限商機。

◎ AI改變產業的能力已經相當清楚

AI的作用就是消除資料孤島，主動吸取並把它轉換為結構化資料，從而提高經營效率，AI正在為現代產業帶來全新革命，根據Gartner調查，在所有產業中，電商採用AI的比例更比其他產業高上許多，在這些新興電商模式的背後，AI技術是應用基礎，不僅可以幫助電商公司完善客戶推薦引擎、聊天機器人（Chatbot）、虛擬助手和自動化倉庫管理。此外，掌握大量數據的電商，在AI應用上也越有優勢，最新研究預期2025

年 AI 會大規模運用在行銷和銷售自動化方面,加速優化行銷與商務系統、精準描繪消費者行為和購買模式。

AI 能讓電商從業人員掌握更多創造性要素,將會為品牌行銷者與消費者,帶來新的對話契機,也就是讓品牌過去的「商品經營」理念,轉向「顧客服務」邏輯,能夠對目標客群的個人偏好與需求,帶來更深入的分析與洞察。

8-2-1 AI 的種類

人工智慧(AI)的概念最早是由美國科學家 John McCarthy 於 1955 年提出,目標為使電腦具有類似人類學習解決複雜問題與展現思考等能力,舉凡模擬人類的聽、說、讀、寫、看、動作等的電腦技術,都被歸類為人工智慧的可能範圍。簡單地說,人工智慧就是由電腦所模擬或執行,具有類似人類智慧或思考的行為,例如推理、規畫、問題解決及學習等能力。人工智慧未來將會發展出來各種不可思議的能力,不過各位首先必須理解 AI 本身之間也有強弱之別,一般區分為「強人工智慧」與「弱人工智慧」兩種。

- **弱人工智慧(Weak AI)**:弱人工智慧是只能模仿人類處理特定的問題的模式,不能深度進行思考或推理的人工智慧,乍看下似乎有重現人類言行的智慧,但還是與人類智慧同樣機能的強人工智慧相差很遠,因為只可以模擬人類的行為做出判斷和決策,所以嚴格說起來並不能被視為真的「智慧」。毫無疑問,今天我們看到的絕大部分 AI 應用,例如最先進的工商業機械人、人臉辨識或專家系統都屬於程度較低的弱人工智慧範圍。

◎ 銀行的迎賓機器人是屬於一種弱人工智慧

■ **強人工智慧（Strong AI）**：事實上，從弱人工智慧時代邁入強人工智慧時代還需要時間，不過這樣的發展絕對是一種趨勢，所謂「強人工智慧」（Strong AI）或「通用人工智慧」（Artificial General Intelligence）是具備與人類同等智慧或超越人類的 AI，能夠像人類大腦一樣思考推理與得到結論，更多了情感、個性、社交等等的自我人格意識，例如科幻電影中看到敢愛敢恨的機器人就屬於強人工智慧。

◎ 科幻小說中活靈活現、有情有義的機器人就屬於一種強人工智慧

8-3 ▶ 機器學習

「機器學習」（Machine Learning，ML）是大數據與 AI 發展相當重要的一環，是大數據發展的下一個進程，屬於是大數據分析的一種方法，通過演算法給予電腦大量的「訓練資料」（Training Data），在大數據中找到規則，機器學習可以發掘多資料元變動因素之間的關聯性，進而自動學習並且做出預測，意即機器模仿人的行為，特性很適合將大量資料輸入後，讓電腦自行嘗試演算法找出其中的規律性，資料的量越大越有幫助，機器就可以學習的愈快，進而達到預測效果不斷提升的過程。

◎ 人臉辯識系統就是機器學習的常見應用

8-3-1 聊天機器人

隨著電商產業而來的是各式各樣的客戶大數據資料,這些資料不僅精確,更是相當多元,如此龐雜與多維的資料,最適合利用機器學習解決這類問題,AI與機器學習最顯著的例子,就是「聊天機器人」(Chatbot)的使用,現在聊天機器人更進化,不僅可以協助店家處理客戶問題,還能輔助甚至直接交易。例如TaxiGo就是一個全新的行動叫車服務,透過AI模擬真人與使用者互動對話,不用下載App,也不須註冊資料,就可以輕鬆預約叫車。

TIPS 隨著人工智慧、語意分析技術不斷演進,再加上網路社群平台的加持,這幾年Chatbot便開始掀起了一陣熱潮,Chatbot尤指聊天軟體機器人,就是一種以對話方式寄送訊息給用戶的軟體,目的在解決用戶特定的問題。

◉ TaxiGo 利用聊天機器人提供計程車秒回服務

8-3-2 YouTube 與 TensorFlow

相信各位應該都有在 YouTube 觀看影片的經驗，YouTube 致力於提供使用者個人化的服務體驗，導入了 TensorFlow 機器學習技術，過濾出觀賞者可能感興趣的影片，並顯示在「推薦影片」中，全球 YouTube 超過 7 成用戶會觀看來自自動推薦影片，當觀看的影片數量越多，不論是喜歡以及不喜歡的影音都是機器學習訓練資料，便會根據紀錄這些使用者觀看經驗，列出更符合觀看者喜好的影片。

◎ YouTube 透過 TensorFlow 技術過濾出受眾感興趣的影片

TIPS TensorFlow 是 Google 於 2015 年由 Google Brain 團隊所發展的開放原始碼機器學習函式庫，可以支持不少針對行動端訓練和優化好的模型，無論是 Android 和 iOS 平台的開發者都可以使用，例如 Gmail、Google 相簿、Google 翻譯等都有 TensorFlow 的影子。

◎ TensorFlow 官網

8-3-3 電腦視覺

如果從網路行銷的策略面來看，最容易應用機器學習的領域之一就是「電腦視覺」（Computer Version, CV），CV 是一種研究如何使機器「看」的系統，讓機器具備與人類相同的視覺，以做為產品差異化與大幅提升系統智慧的手段。例如國外許多大都市的街頭紛紛出現了一種具備 AI 功能的數位電子看板，會追蹤路過行人的舉動來與看板中的數位廣告產生互動效果，透過人臉辨識來偵測眾人臉上的表情，由 AI 來動態修正調整看板廣告所呈現的內容，即時把最能吸引大眾的廣告模式呈現給觀眾，並展現更有說服力的行銷創意效果。

◎ 透過機器學習來找出數位看板廣告最佳組合

8-3-4 智慧型賣場

　　傳統零售未來勢必將面臨改革與智慧轉型，機器學習必須與零售商會員體系結合，要做到即時智能決策，代表的是必須對客戶行為有高程度的理解，都是為了打造新的智慧型賣場環境體驗。例如機器學習的應用也可以透過賣場中具備主動推播特性的 Beacon 裝置，商家只要在店內部署多個 Beacon 裝置，利用機器學習技術來對消費者進行觀察，賣場不只是提供產品，更應該領先與消費者互動，一旦顧客進入訊號區域時，就能夠透過手機上 App，對不同顧客進行精準的「個人化習慣」分眾行銷，提供「最適性」服務的體驗。

TIPS 　Beacon 是種低功耗藍牙技術（Bluetooth Low Energy, BLE），藉由室內定位技術應用，可做為物聯網和大數據平台的小型串接裝置，具有主動推播行銷應用特性，比 GPS 有更精準的微定位功能，是連結店家與消費者的重要環節，只要手機安裝特定 App，透過藍芽接收到代碼便可觸發 App 做出對應動作，隨著支援藍牙 4.0 BLE 的手機、平板裝置越來越多，利用 Beacon 的功能，能幫零售業者做到更深入的行動行銷服務。

◎ 台中大遠百裝置 Beacon，
提供消費者優惠推播

例如在偵測顧客的網路消費軌跡後，進而分析其商品偏好，並針對過去購買與瀏覽網頁的相關紀錄，即時運算出最適合的商品組合與優惠促銷專案，發送簡訊到其行動裝置，甚至還可對於賣場配置、設計與存貨提供更精緻與個人化管理，不但能優化門市銷售，還可以提供更貼身的低成本行銷服務。

8-4 ▶ 深度學習與類神經網路

隨著科技和行動網路的發達，其中所產生的龐大、複雜資訊，已非人力所能分析，由於 AI 改變了行動行銷的遊戲規則，讓店家藉此接觸更多潛在消費者與市場，深度學習（Deep Learning, DL）算是 AI 的一個分支，也可以看成是具有層次性的機器學習法，更將 AI 推向類似人類學習模式的優異發展。

深度學習並不是研究者們憑空創造出來的運算技術，而是源自於「類神經網路」（Artificial Neural Network）模型，並且結合了神經網路架構與大量的運算資源，目的在於讓機器建立與模擬人腦進行學習的神經網路，以解釋大數據中圖像、聲音和文字等多元資料。例如可以代替人們進行一些日常的選擇和採買，或者在茫茫網路海中，獨立找出分眾消費的數據，甚至於可望協助病理學家迅速辨識癌細胞，乃至挖掘出可能導致疾病的遺傳因子，未來也將有更多深度學習的應用。

由於類神經網路具有高速運算、記憶、學習與容錯等能力，可以利用一組範例，透過神經網路模型建立出系統模型，讓類神經網路反覆學習，經過一段時間的經驗值，便可以推估、預測、決策、診斷的相關應用。最為人津津樂道的深度學習應用，當屬 Google Deepmind 開發的 AI

圍棋程式 AlphaGo 接連大敗歐洲和南韓圍棋棋王，AlphaGo 的設計是大量的棋譜資料輸入，還有精巧的深度神經網路設計，透過深度學習掌握更抽象的概念，讓 AlphaGo 學習下圍棋的方法，接著就能判斷棋盤上的各種狀況，後來創下連勝 60 局的佳績，並且不斷反覆跟自己比賽來調整神經網路。

◉ AlphaGo 接連大敗歐洲和南韓圍棋棋王

　　透過深度學習的訓練，機器正在變得越來越聰明，相較於機器學習的差異，深度學習在電商方面的應用，不但能解讀消費者及群體行為的的歷史資料與動態改變，更可能深入預測消費者的潛在慾望與突發情況，能應對未知的情況，設法激發消費者的購物潛能，進而提供高相連度的未來購物可能推薦與更好的用戶體驗。

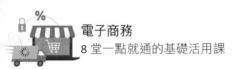
8-5 ▷ 物聯網與電商應用

物聯網（Internet of Things, IOT）是近年資訊產業中一個非常熱門的議題，物聯網最早的概念是在 1999 年時由學者 Kevin Ashton 所提出，是指將網路與物件相互連接，實際操作上是將各種具裝置感測設備的物品，例如 RFID、藍芽 4.0 環境感測器、全球定位系統（GPS）雷射掃描器等種種裝置與網際網路結合起來而形成的一個巨大網路系統，全球所有的物品都可以透過網路主動交換訊息，越來越多日常物品也會透過網際網路連線到雲端，透過網際網路技術讓各種實體物件、自動化裝置彼此溝通和交換資訊。

> **TIPS** 「無線射頻辨識技術」（Radio Frequency IDentification, RFID）是一種自動無線識別數據獲取技術，主要支援「點對點」（point-to-point）及「點對多點」（point-to-multi points）的連結方式，目前傳輸距離大約有 10 公尺，每秒傳輸速度約為 1Mbps，預估未來可達 12Mbps，未來很有機會成為物聯網時代的無線通訊標準。

現在的物聯網科技開始逐漸延伸到各個生活中的電子產品上，隨著業者端出越來越多的解決方案，物聯網概念將為全球消費市場帶來新衝擊，在我們生活當中，已經有許多整合物聯網的技術與應用，可以包括如醫療照護、公共安全、環境保護、政府工作、平安家居、空氣汙染監測、應用服務、數據分析、自駕車、裝置及平臺、土石流監測等領域。近年來物聯網更找到了與電商市場結合的利基，物聯網使得連接的「物體」搖身一變成電子商務的推播產品與服務的利器。

圖片來源：www.ithome.com.tw/news/88562

◉ 物聯網系統的應用概念圖

8-5-1　智慧物聯網（AIoT）

　　現代人的生活正逐漸進入一個「始終連接」（Always Connect）網路的世代，物聯網的快速成長，快速帶動不同產業發展，除了資料與數據收集分析外，也可以回饋進行各種控制，這對於未來人類生活的便利性將有極大的影響。AI 結合物聯網（IoT）的智慧物聯網（AIoT）將會是電商產業未來最熱門的趨勢，特別是電子商務為不斷發展的技術帶來了大量商業挑戰和回報率，未來電商可藉由智慧型設備來了解戶的日常行為，包括輔助消費者進行產品選擇或採購建議等，並將其轉化為真正的客戶商業價值。

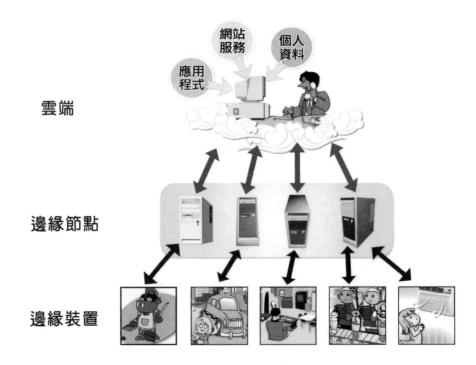

雲端

邊緣節點

邊緣裝置

智慧物聯網的應用

　　物聯網的多功能智慧化服務被視為實際驅動電商產業鏈的創新力量，特別是將電商產業發展與消費者生活做了更緊密的結合，因為在物聯網時代，手機、冰箱、桌子、咖啡機、體重計、手錶、冷氣等物體變得「有意識」且善解人意，最終的目標則是要打造一個智慧城市，未來搭載 5G 基礎建設與雲端運算技術，更能加速現代產業轉型。

TIPS　　5G（Fifth-Generation）指的是行動電話系統第五代，由於大眾對行動數據的需求年年倍增，因此就會需要第五代行動網路技術，5G 未來將可實現 10Gbps 以上的傳輸速率。這樣的傳輸速度下可以在短短 6 秒中，下載 15GB 完整長度的高畫質電影。

「雲端」其實就是泛指「網路」，因為通常工程師對於網路架構圖中的網路習慣用雲朵來代表不同的網路。「雲端運算」（Cloud Computing）就是將運算能力提供出來作為一種服務，只要使用者能透過網路登入遠端伺服器進行操作，就能使用運算資源。

　　近年來由於網路頻寬硬體建置普及、行動上網也漸趨便利，加上各種連線方式的普遍，網路也開始從手機、平板的裝置滲透至我們生活的各個角落，資訊科技與家電用品的應用，也是電商產業的未來發展趨勢之一。科技不只來自人性，更須適時回應人性，「智慧家電」（Information Appliance）是從電腦、通訊、消費性電子產品 3C 領域匯集而來，也就是電腦與通訊的互相結合，未來將從符合人性智慧化操控，能夠讓智慧家電自主學習，並且結合雲端應用的發展。各位只要在家透過智慧電視就可以上網隨選隨看影視節目，或是登入社交網路即時分享觀看的電視節目和心得。

圖片來源：http://3c.appledaily.com.tw/article/household/20151117/733918

　◎ 透過手機就可以遠端搖控家中的智慧家電

在智慧化與數位化之外，許多品牌已從體驗行銷的角度紛紛跟進，例如智慧家庭（Smart Home）堪稱是利用網際網路、物聯網、雲端運算、人工智慧終端裝置等新一代技術，所有家電都會整合在智慧型家庭網路內，可以利用智慧手機 App，提供更為個人化的操控，甚至更進一步做到能源管理；例如聲寶公司首款智能冰箱，就讓智慧冰箱也將成為電商的銷售通路，就具備食材管理、App 下載等多樣智慧功能。只要使用者輸入每樣食材的保鮮日期，當食材快過期時，會自動發出提醒警示，未來若能透過網路連線，適時推播相關行銷訊息，讓使用者能直接下單採買食材。

8-6 ▶ 專題討論 - 大數據與電競遊戲

電競遊戲當然也算是現代電商產業型態的一環，更是近來科技產業最紅的關鍵字，在電競的虛擬世界中，看得出一片大好的新興商機。目前相當火的「英雄聯盟」（LoL）這款遊戲，是一款免費多人線上電競遊戲，遊戲開發商 Riot Games 就很重視大數據分析，目標是希望成為世界上最了解玩家的遊戲公司，背後靠的正是收集以玩家喜好為核心的大數據，掌握了全世界各地區所設置的伺服器裏遠超過每天產生超過 5000 億筆以上的各式玩家資料，透過連線對於全球所有比賽都玩家進行的每一筆搜尋、動作、交易，或者敲打鍵盤、點擊滑鼠的每一個步驟，可以即時監測所有玩家的動作與產出大數據與機器學習分析，並了解玩家最喜歡的英雄，再從已建構的大數據資料庫中把這些資訊整理起來分析排行。

◉ 英雄聯盟 LMS 春季總決賽熱鬧盛況

　　遊戲市場的特點就是飢渴的玩家和激烈的原廠割喉競爭，大數據的解讀特別是電競戰場中非常重要的一環，電競產業內的設計人員正努力擴增大數據與 AI 的使用範圍，數字就不僅是數字，這些「英雄」設定分別都有一些不同的數據屬性，玩家偏好各有不同，你必須了解玩家心中的優先順序，只要發現某一個英雄出現太強或太弱的情況，就能即時調整相關數據的遊戲平衡性，用數據來擊殺玩家的心，進一步提高玩家參與的程度。

◎ 英雄聯盟的遊戲戰鬥畫面

　　不同的英雄會搭配各種數據平衡，研發人員希望讓每場遊戲盡可能地接近公平，因此根據玩家所認定英雄的重要程度來排序，創造雙方勢均力敵的競賽環境，然後再集中精力去設計最受歡迎的英雄角色，找到那些沒有滿足玩家需求的英雄種類，是創造新英雄的第一步，這樣做法真正提供了遊戲基本公平又精彩的比賽條件。Riot Games 懂得利用大數據與機器學習來隨時調整遊戲情境與平衡度，確實創造出能滿足大部分玩家需要的英雄們，這也是英雄聯盟能成為目前最受歡迎遊戲的重要因素。

1. 請簡述大數據（又稱大資料、大數據、海量資料, big data）及其特性。

2. 什麼是電腦視覺？

3. 何謂資料科學（Data Science）？

4. 請簡述人工智慧（Artificial Intelligence, AI）。

5. 何謂「智慧家電」（Information Appliance）？

6. 請簡述機器學習（Machine Learning, ML）。

7. TensorFlow 是什麼？請簡述之。

8. 請說明深度學習（Deep Learning, DL）。

MEMO

讀者回函

讀者回函

感謝您購買本公司出版的書，您的意見對我們非常重要！由於您寶貴的建議，我們才得以不斷地推陳出新，繼續出版更實用、精緻的圖書。因此，請填妥下列資料(也可直接貼上名片)，寄回本公司(免貼郵票)，您將不定期收到最新的圖書資料！

購買書號： _____ **書名：** _____

姓　　名： _____

職　　業：☐上班族　☐教師　☐學生　☐工程師　☐其它

學　　歷：☐研究所　☐大學　☐專科　☐高中職　☐其它

年　　齡：☐10~20　☐20~30　☐30~40　☐40~50　☐50~

單　　位： _____ 部門科系： _____

職　　稱： _____ 聯絡電話： _____

電子郵件： _____

通訊住址：☐☐☐ _____

_____

您從何處購買此書：

☐書局 _____　☐電腦店 _____　☐展覽 _____　☐其他 _____

您覺得本書的品質：

內容方面：　☐很好　　　☐好　　　☐尚可　　　☐差

排版方面：　☐很好　　　☐好　　　☐尚可　　　☐差

印刷方面：　☐很好　　　☐好　　　☐尚可　　　☐差

紙張方面：　☐很好　　　☐好　　　☐尚可　　　☐差

您最喜歡本書的地方： _____

您最不喜歡本書的地方： _____

假如請您對本書評分，您會給(0~100分)： _____ 分

您最希望我們出版那些電腦書籍：

請將您對本書的意見告訴我們：

您有寫作的點子嗎？☐無　☐有　專長領域： _____

歡迎您加入博碩文化的行列哦！

✂請沿虛線剪下寄回本公司

Give Us a Piece Of Your Mind

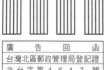

廣　告　回　函
台灣北區郵政管理局登記證
北台字第 4 6 4 7 號
印 刷 品 · 免 貼 郵 票

221

博碩文化股份有限公司　產品部

台灣新北市汐止區新台五路一段112號10樓Ａ棟